菌中毒

聂荣庆 著

曾孝濂
杨建昆 绘

中信出版集团 | 北京

图书在版编目（CIP）数据

菌中毒 / 聂荣庆著 . -- 北京：中信出版社，2023.4（2024.9重印）
ISBN 978-7-5217-5098-0

Ⅰ.①菌… Ⅱ.①聂… Ⅲ.①散文集－中国－当代 Ⅳ.①I267

中国版本图书馆CIP数据核字(2022)第251908号

菌中毒
著者：聂荣庆
出版发行：中信出版集团股份有限公司
（北京市朝阳区东三环北路27号嘉铭中心　邮编　100020）
承印者：北京利丰雅高长城印刷有限公司

开本：880mm×1230mm　1/32　印张：9.625　字数：152千字
版次：2023年4月第1版　印次：2024年9月第4次印刷
书号：ISBN 978-7-5217-5098-0
定价：88.00元

版权所有·侵权必究
如有印刷、装订问题，本公司负责调换。
服务热线：400-600-8099
投稿邮箱：author@citicpub.com

扫把菌 —— 135

羊肚菌 —— 143

鸡油菌 —— 153

奶浆菌 —— 163

老人头 —— 173

冷菌 —— 187

竹荪 —— 205

灵芝 —— 215

蕈海撷英 —— 227

马皮勃 —— 255

虫草 —— 263

白参 —— 277

后记 寻蕈手记 —— 285

地点索引 —— 293

目录

序 ……… 1

蘑菇有毒,但不美的生活是不值得过的
于坚

菌中毒 ……… 11

牛肝菌 ……… 23
干巴菌 ……… 41
青头菌 ……… 53
鸡㙡 ……… 65
松茸 ……… 75

松露 ……… 83
谷熟菌 ……… 91
虎掌菌 ……… 101
大红菌 ……… 109
皮条菌 ……… 121

序

蘑菇有毒，但不美的生活是不值得过的

于坚

蘑菇（此处不是指人工培植的食用菌），生长于森林、杂木丛、灌木丛、篱笆、朽木、粪堆……其拉丁学名为 *Agaricus campestris*，由菌丝体和子实体两部分组成，菌丝体是营养器官，子实体是繁殖器官。与植物不同，蘑菇属于真菌；植物可以进行光合作用，而蘑菇不能。蘑菇有多达36 000余种，由成熟的孢子萌发成菌丝。菌丝为多细胞，有横隔，借顶端生长而伸长，白色，细长，棉毛状，逐渐成丝状。菌丝互相缀合形成密集的群体，称为菌丝体。菌丝体腐生后，浓褐色的培养料变成淡褐色。蘑菇的子实体在成熟时很像一把撑开的小伞，由菌盖、菌柄、菌褶、菌环、假菌根等部分组成。毒蘑菇会对人的健康造成危害，严重者危及生命。

在云南，每年7月前后，雨水充沛，各种蘑菇自群山破土而出。这是一个大地的节日，狂欢之时，人们为了蘑菇的美味而不惜铤而

走险。蘑菇狂欢不仅是在云南,还是在广阔纬度范围内的各种植物王国的、顺其自然、不约而同的季节性事件。比如,与云南纬度相近的拉丁美洲、东南亚,其地理环境、气候条件、风土人情都与云南相当近似,盛产咖啡、甘蔗、土豆、玉米、罂粟果、蘑菇、仙人掌……墨西哥的印第安人将引起幻觉的毒菌称为"神物",用于祭典活动。3000年前他们就知道这些毒菌,比如著名的墨西哥裸盖菇(*Psilocybe mexicana*)、古巴光盖伞(*Psilocybe cubensis*)、毒裸盖菇、半裸盖菇……云南也有,异名同谓。墨西哥的牛肝菌会导致幻视、幻想、幻听、狂笑乱语、手舞足蹈,可引起"小人国幻视症"——一种对身体的感受性超越。手舞足蹈素来是这条漫长纬线上的规定动作。云南那些不朽的民族史诗、音乐、舞蹈、祭祀肯定也有牛肝菌、见手青等菇族的贡献。就像屈原在他的《九歌》中写过的那样,巫师在群山中秘密活动:"蕙肴蒸兮兰藉,奠桂酒兮椒浆;扬枹兮拊鼓,疏缓节兮安歌;陈竽瑟兮浩倡;灵偃蹇兮姣服,芳菲菲兮满堂;五音纷兮繁会,君欣欣兮乐康。"

  作者聂荣庆说:"云南人不管走到世界任何地方,只要在这个季节,都会说:'太想吃菌了。'这个时候,就是云南人民集体想为这种美食中毒的时间来到了。"是的,所言不虚。古语云:"民以食为天。"这个"天"一方面是唯物,另一方面也是非物。对于云南人来说,吃菌更像是一种云南的地方性哲学事件。如果哲学意味着形而上的话,云南的形而上是身体的、大地的、高原的、群山的、河流的、森林的。云南的形而上还在蘑菇中,一种感受性的超越,而不是概念性的超越。蘑菇之爱令云南人普遍有一种超越性的看淡生死，功利主义在这个省普遍被嗤之以鼻，这个省距离"诗意""幻觉""无用""失败""落后"这些东西太近了，聪明人最后都纷纷逃离了云南，他们害怕蘑菇。

云南人吃蘑菇的狂热与我们当代的食谱背道而驰：不是为了充饥、养生、身体健康、长寿。蘑菇更像是一种精神性的食物，它既没有多少营养，还可能有毒，可谓"毫无用处"。它有一种神秘的味道，由某种形而下导致的形而上。味之道，道可道，非常道，蘑菇道！蘑菇持存的是"有无相生"，蘑菇既是有，也是无，其无用之毒有可能危及生命。这种毒性，正是蘑菇的味道所在和魅力所在。吃毒蘑菇，可谓云南人的一种超越性的世界观。这种"口福"是一场大地支持的身体冒险，是不确定的精神事件（可能中毒，可能不中毒）。口福的"福"是示字旁，《说文解字》对"示"的解释是："天垂象，见吉凶，所以示人也。从二。三垂，日月星也。观乎天文，以察时变。示，神事也。"每年蘑菇一长出来，就像神灵现身，唤醒人们对这一永恒主题的追问——活着还是死去。

蘑菇的价值在其味美。子曰："尽美矣，又尽善也。"美在第一，善在其次。在中国古典思想中，美比善更重要、更高级。人之所以为人，就在于不断地意识到一种超越性的、非物的生活。美的生活高于不美的生活，为了蘑菇这种美味，人们不惜押命一赌。这不仅是屈原或者柏拉图式的关于生命的追问、辩论，这种精神活动就发生在云南的大地、高山、丛林、河流、峡谷、沼泽、湖泊……美的生活是这样开始的，当地人从山林背来的一箩筐牛肝菌，有可能出现在某张山野餐桌上，也有可能出现在昆明闹市区某家澜沧江流域风格的餐厅里。一盘油爆见手青，有着魔鬼般的名字。中毒概率较高的一种牛肝菌，吃还是不吃？每次吃都怕怕的，拷问着生命之意义。云南人普遍的态度是就算要命也要吃。吃死算球，生命不过是一个球越过天空如流星，重要的是当下对美这件事的体验和感悟。美不仅是抽象概念，孟子曰："充实之谓美。"美是充实的，这种充实也是一种"无"的充实。得过且过不过是生命的较低层次，康德认为，审美是无目的的合目的性。子曰："未知生，焉知死？"通过知生，向死而生，知白守黑，有无相生。这是一种更高层次的生命事件。孔子又说："不学诗，无以言。"诗意之言就是美之言，"不学诗"，人就只是像动物那样无言地活着，而不是存在。蘑菇充满着诗意，诗意就是不确定的持存。人们通过吃蘑菇实现身体的献祭，唤醒对"活着还是死去"的思考。通过五颜六色、奇形怪状的种种蘑菇，云南人一次次将自己置于一个边缘。活着还是死去？继续得过且过，苟且偷生，还是超越之？这个省对酒的迷恋也是一样。作为土生土长的云南人，这个问题我问了一生。蘑菇通过每年一次次直截了当地上市，仿佛说着"我就是有毒，是来索命的"，有一年我甚至为此进了医院。还未到夏天，才4月，人们就为蘑菇归来，奔走相告。没有啖上一盘用菜籽油、红椒爆炒的见手青，这一年就白过了，相当平庸呵。在7月，不乏为了见手青、牛肝菌、青头菌、黄癞头、干巴菌、鸡枞重返云南的浪子。我曾经写过一首诗：

云南蘑菇颂

七月又多雨

云南地面纷纷勃起

河流是之一

苹果园是之一

核桃是之一

菠萝是之一

怀孕的母马是之一

牧羊村的婚礼是之一

千红万紫蘑菇是之一

天空飞着一团团蘑菇云

下面的青山　湖畔　丛林　草地　石头下　到处长出了蘑菇

红的　长着牛肝的红妖怪

白的　穿着白筒鞋的白妖怪

蓝蘑菇摇头晃脑唱高山之歌

黄蘑菇是害羞的

紫蘑菇是鬼的小孩

青头菌犟头犟脑　戴着小钢盔

干巴菌丑陋得无法形容　魔头才长成那样

木耳的耳朵一大群　都是聋的

松茸没有耳朵

云南好东西不是玫瑰牡丹　鱼翅螃蟹

不是菜谱上指鹿为马的美食

而是因朴素而乏味的小蘑菇　五彩缤纷

用香油炒一炒就好吃啦

雨季又到

蘑菇们在草丛里　开会　发言

森林静下来听　它们捉迷藏

只有土著　那些天真汉才知道躲在哪里

只有当地人才知道藏在哪里

照相机是不知道的

夏天的星期六

蘑菇马戏团

一篮篮出现在公路边

晃着糊好泥巴的小脑袋

猜猜我是谁？

那些宽肩膀厚嘴唇的男人

那些长发或巨乳女子　赤脚走遍山岗　唱着歌或跳着舞

必须尊重它们

必须对死这位形影不离的神怀着坚定不移的好感　敬意

才能在马尾松下面找到它们

手疾眼快是无用的　志在必得是背时的　必定要空手而归

找到蘑菇得用巫师那种手

看呀　一窝狰狞的红或紫在山坡上亮了　湿漉漉的
小湿婆　像是印度人的哲学
"兼具生殖与毁灭　创造与破坏双重性格
呈现各种奇谲怪诞的不同相貌
林伽相　恐怖相　温柔相　超人相　三面相　舞王相"
种种变相　迷人而难看
没什么营养　不是维生素
不降血压　无关血糖　脂肪　倒是要命
这一个会死于"吃多了"
下一个也许胡言乱语供出隐私
您要吃吗
先祈祷吧　老天保佑你平安无事
只有神才认为是美味
迷人的游戏　找死的魅力超过活着
殁于蘑菇而不是甲级医院
就像一个单词在雨中赤条条地死于一首诗　被大地接受了
我们这些非凡的云南人　旱季想念着它　雨天谈论着它
在餐桌　集市　庙会　林中　咖啡馆和汽车后座争论着它
在深夜梦见亲爱的老蘑菇
最持久的话题
所有篮子都做过蘑菇之梦
只要空气中弥漫着仙人煽动起来的蘑菇味

我们就像孔雀那样

兴奋起来　激动起来　多情起来　热爱起来　团结起来

　　就要出动　就要聚餐　就要不怕死

不怕大象　不怕悬崖高山　不怕泥石流　不怕荆棘

　　我们从不怀疑大地　不怕食物中毒

　　　　但是害怕车祸

我们住在南方以南的云下　那里有无数难得一见的蘑菇

　　个个超凡脱俗　生生不息

　　　炒牛肝菌吗？　　多放大蒜！

　　永远不要把神　放在冰箱里　外祖母遗训

2021年7月25日星期日完成

　　这本书并非一部关于食用野生菌类的科普教材，而是一本散文集，关于菌子的云南故事、云南传奇。这是一本独一无二的书，很好看，就像森林里的一只大灰狼提着篮子在给小红帽讲蘑菇的故事。比如下面这个故事，完全可以佐证我前面对云南地方性的蘑菇哲学的发端。"有一年菌子季的一天，我在开车回家的路上，习惯性地打开昆明电台，忽然觉得那天的节目主持人很怪，标准的普通话播音腔突然变成昆明口音的'马街普通话'，而且女主持人情绪越来越激昂。一首歌播放完之后，就更换了一个播音员。后来见到昆明电台的老朋友曾克才得知，原来那个播音员中午的时候在电台附近的馆子里吃饭时，点了一盘炒见手青，吃完饭上节目，一边播就一边'嗨'了，还好播的是一档音乐节目，没有什么大碍。从那次以后，电台就特别注意，不让工作期间吃过菌的播音员进入直播间播节目了。"这本书与其说是美食读物，不如说是一种对蘑菇的崇拜、感激、回忆，更是一种蘑菇世界观读本。

"那天我亲自下厨做了炒见手青和青头菌，边吃边聊，相聚甚欢。后来她舞团的同事'投诉'说，从那天起，丽萍姐连续好多天要求吃青头菌，把他们都吃腻了……刚刚纪念完自己从艺50周年，就含泪宣布解散《云南映象》舞团，但是她并不会放弃舞团和她的演员。2022年4月，杨丽萍导演并出演的生肖系列舞蹈艺术片《虎啸图》上线，各路舞林高手齐聚一堂，用多种艺术手法，在杨丽萍的带领下呈现出一种舞蹈艺术的创新形式，这也是杨丽萍在后疫情时代对于舞蹈观演关系的思考和尝试。她曾经说，她妈妈经常告诫她停一停，休息休息再走，但是她始终是停不下来的。"

云南蘑菇这种毒，乃是一种精神毒药，导致杨丽萍这样的人物在云南层出不穷。云南是中国民间歌手、舞蹈家、音乐家、诗人、艺术家、巫师最多的省份。当然，写这本书的狗庆（作者的小名，吃蘑菇的时候都这么叫他）也是其中一员。

橙黄粉孢牛肝菌

Tylopilus aurantiacus

菌中毒

每年一进入5月，昆明就到了一年中最热的时间段，本来一年中都会有的风，却没有了踪影。从冬春延续过来的蓝天，这段时间会呈现出一种暖暖的灰色。昆明的气候以四季如春著称，虽然被冠以"春城"这个名字，但是到了这几天，人们还是会觉得有一些莫名的闷，如果房间没有窗南北通透，风就不能够对穿，常常还是在一觉之后，闷出了一身大汗。每当这个时候，大家好像都在期盼老天赶紧下雨，以便缓解"娇气"的昆明人认为的酷热。无论是在跳广场舞的娘娘（读一声，云南方言，意为阿姨），还是在写字楼没有空调的电梯里的白领，都会抱怨"怎么还不下雨""往年这个时候早就已经开始下雨了"云云。昆明人一方面期盼着雨季的到来可以缓解眼前的闷热，另一方面更为重要的是，雨季的开始意味着人们迎来了这一年的美食季，因为雨后，就会有菌陆续上市了。云南人对这种来自自然界的美食有一个昵称——菌儿（方言念作"jièr"）。如果你在昆明的菜市场问哪里可以买到蘑菇，一定会被带到堆满了平菇和其他种类人工菌的摊位，因为固执的昆明人认为，只有野生的、无法人工种植的蘑菇才有资格称为菌儿。

一到端午之后，医院里面就开始多了一种病人，就是吃菌中毒的病人。如果跟你一起吃饭时吃了菌的朋友一直用手捂着脑袋，告诉你他变成了一瓶矿泉水，生怕一摇晃，水就从脑袋里泼出来，云南人并不会觉得惊奇，而是会马上判断出他是菌中毒了，于是直接把这个朋友送去红十字会医院，因为有很多吃菌中毒的病友已经手舞足蹈地在那儿被经验丰富的医生治疗着，云南医生对这种病人早已见怪不怪。

菌，是任何一个昆明人谈论美食时不可或缺的一部分，在云南菜系里面，如果缺少了菌，那么云南人是根本没有底气跟外省人谈论云南美食的。5月开始下雨后，在离昆明稍微偏远一点的山上，湿度和气候变化通常都比较大，雨水一下来，菌就陆陆续续长出来了。于是在昆明的菜市上，差不多5月中旬开始，就陆陆续续出现这些从稍远一点的山上运过来的菌。昆明人把最早上市的这些菌，都称为"头水菌"，因为他们认为这些是当年雨季第一场雨后滋生出来的菌。这个时候的菌，其实很多人都不太敢吃，昆明人觉得头水菌危险很大，有点类似日本人吃河豚，需要些勇气才敢去享受这一年当中最早的口福。每年都有很多人贪吃这第一口鲜，因为吃头水菌而中毒，所以每年一到这个时候，大家便有点兴奋地互相打探："有菌

橙黄粉孢牛肝菌

Tylopilus aurantiacus

考夫曼网柄牛肝菌

Retiboletus kauffmanii

儿了，你咯吃着了？咯好吃？有一家人都吃菌中毒了！"确实，每年昆明都会有很多人因为吃菌中毒，以致在昆明的云南省红十字会医院，专门有一个救治菌中毒病人的中心。每年的这个时候，大家都怀着一种很复杂的心理，希望赶快去尝试这一年中第一口美味的野生菌，但又多多少少有一点对菌中毒的惧怕，一直要等到几场大雨之后，才敢甩开负担，大快朵颐。在这个季节，昆明人每当听说有人菌中毒了，就会对中毒后产生了什么样的后果有着强烈的好奇心，甚至有点小兴奋的感觉，多多少少想自己去稍微尝试一下。

菌的品种和烹饪方式决定了是否会产生菌中毒。已经被证实的毒菌，是万万不能进食的。去年，在网上热传的吃菌防毒儿歌"红伞伞，白杆杆，吃完一起躺板板；躺板板，睡棺棺，然后一起埋山山……"被网友们配上了各种音乐，传唱四方。其实，这首歌谣只是关于毒菌的一个笼统的概念，云南鲜有那种在欧洲常见的"红伞伞，白杆杆"的毒菌，更多的是"灰伞伞，白杆杆"或者"白伞伞，白杆杆"的致命鹅膏菌，所以云南民间辨别毒菌的经验就是："头上戴帽，腰间穿裙，脚上穿鞋"的菌子不能随便吃。本书中写到的20余种菌，都是云南人民世世代代传承下来的安全美食，只有烹饪不当时才会造成轻微中毒现象，但不至于危及生命。当然，最好食用单一品种的菌子，因为就怕杂菌中混进不容易辨别清楚的鹅膏菌，引起致命中毒。

研究菌的烹饪加工是云南人乐此不疲的一种生活方式，所以有种说法是云南人生活在食物链顶端的刀刃上。在云南，没有人把吃菌中毒这件事太当一回事。如果一个人与常人思维不同，把事情做砸锅了，大家就会幽默地说："他怕是着菌闹着了。"但这话并没有歧视他的意思。而云南有一些人在各个行业里颇有建树，当他们用自己独特的思维方式决策一件事情或者执行一个项目，并取得卓然成就，其他人也会这样评价："他怕是菌吃多了。"仿佛思维两个极端的指标，都跟吃菌有关。

每一个昆明人都会知晓几个吃菌中毒的故事。我童年时居住的地方，是父亲单位分配的平房，那一片有好几个院子相连。那时候的人家都睡得早，晚上过了10点半就没有几家还亮着灯了。有一天，晚上已经12点多了，大家发现院子里有一家人仍然灯火通明，乒乒乓乓做起饭来。父母点火煮饭，儿女忙出忙进，又是洗菜，又是张罗。好奇的邻居问道："你们晚上不是已经吃过饭了吗？怎么又做那么多人的饭？"他们家的人边忙边指着并没有人的地方回答："家里来了亲戚，你看，那么多人，还怕煮的饭不够他们吃呀！"有经验的老人马上判断出来，他们家全家都菌中毒了，于是赶紧组织别的邻居们，拿来红糖水加猪油，强迫他们喝下去，一直折腾到后半夜，才平静下来。第二天，等他们恢复过来，听他们绘声绘色地讲他们看到的来到他们家的那些小人儿，邻居们忍俊不禁，这件事一直是那一个菌子季的谈资。

有一年菌子季的一天，我在开车回家的路上，习惯性地打开昆明电台，忽然觉得那天的节目主持人很怪，标准的普通话播音腔竟然变成昆明口音的"马街普通话"，而且女主持人情绪越来越激昂。

皱盖牛肝菌
（黄癞头）

Rugiboletus extremiorientalis

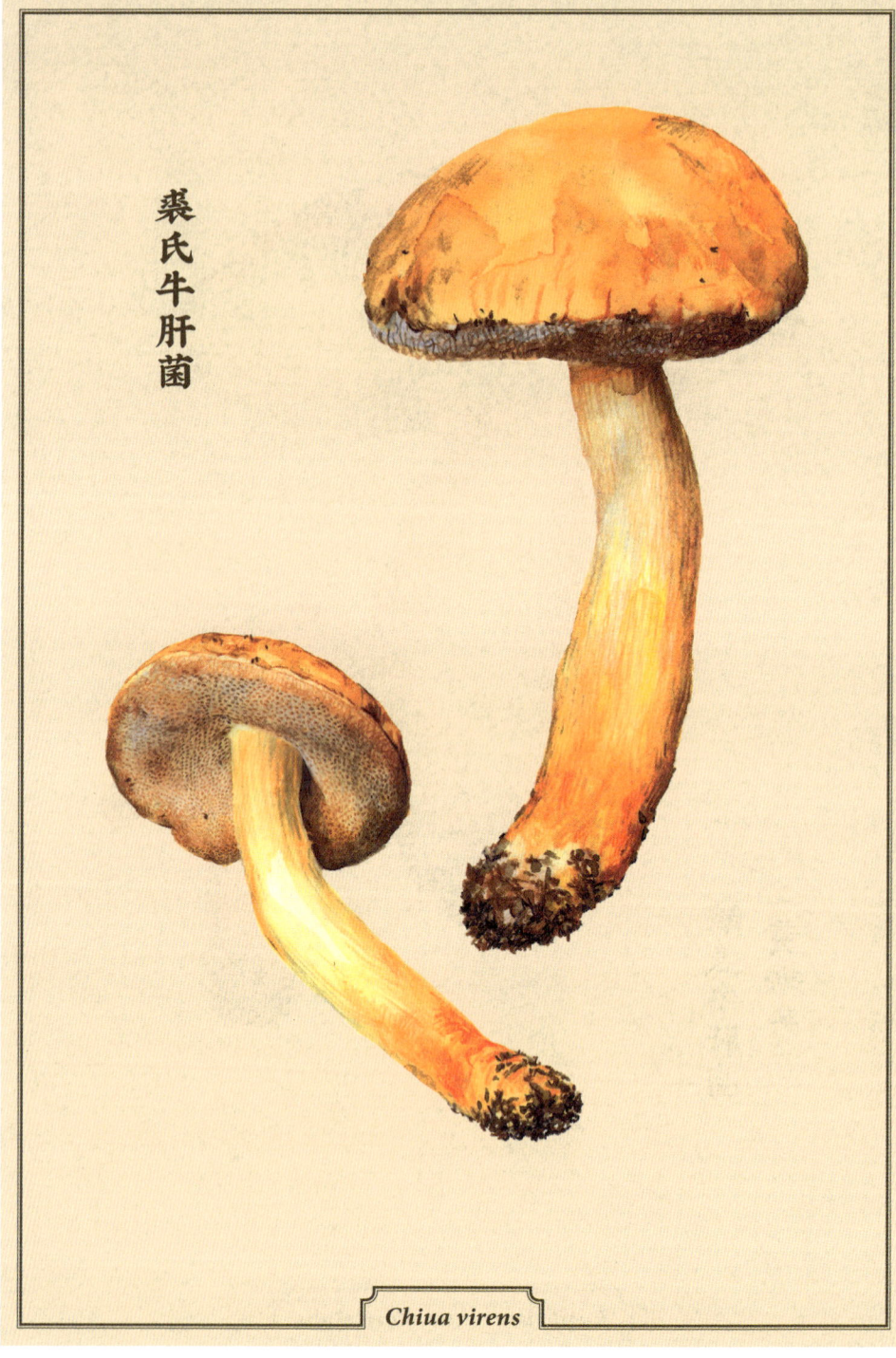

裘氏牛肝菌

Chiua virens

一首歌播放完之后，就更换了一个播音员。后来见到昆明电台的老朋友曾克才得知，原来那个播音员中午的时候在电台附近的馆子里吃饭时，点了一盘炒见手青。吃完饭上节目，一边播就一边"嗨"了，还好播的是一档音乐节目，没有什么大碍。从那次以后，电台就特别注意，不让工作期间吃过菌的播音员进入直播间播节目了。

2020年的一天晚上，我和妻子陈颖结束昆明南边滇池湖畔的一个饭局，开车回北边的家。快到家的时候，发现妻子驾驶汽车会无故踩刹车和微调方向。所幸几分钟后就到家了，并无意外。回到家中，我正在洗漱，她过来告诉我自己可能菌中毒了：晚饭的时候，吃了几片见手青。因为她刚才回来的时候，看见公路上长满了绿色的藤蔓，所以才会一脚油门、一脚刹车地开。而此刻她的眼前是一张张的唐卡扑面而来。看着她迷离的眼神，听着她语无伦次的叙述，我决定赶紧送她去医院。在医院的电梯里，她依然絮絮叨叨、手舞足蹈地描述她看到的"美好"景象，用手推开快要冲到身上的唐卡。

连夜输液治疗后，我们回到家里，她的症状完全没有消除。好在只是有幻觉，并无其他不适。第二天，我送她到更为专业的云南省红十字会医院，这里有云南唯一的菌中毒专业治疗中心。一到大厅，护士就大声报告："又来一个牛肝菌中毒的。"我举目一看，大厅里病床上躺满了吃菌中毒的病人。严重的手舞足蹈，在空中抓着幻觉中的各种神奇物种。中毒轻的输着液昏昏欲睡。妻子目光炯炯地看着眼前的唐卡，在病床上输了三天液，就痊愈了。由于她只是有幻觉，并无任何身体上的不适，无数朋友便询问吃了什么品种的菌子，吃了多少，做了几分熟。看来想体验这种感觉的人还挺多，大多是画家和音乐人。也很神奇，从那一次之后，她就特别容易中毒，感觉每年吃见手青都会有反应，只是有了第一次的经验，看见好看的就多看一会儿，不喜欢看的就用一块丝巾盖住眼睛呼呼大睡过去。不过，我亲自下厨炒的见手青，她就是吃一碗下去也不会有什么不适。

吃菌中毒也有因祸得福者。昆明植物园研究食虫植物的青年学者郗望的父亲，也是昆明植物研究所的老科学家，一直是高血压患者，在一次食用见手青中毒后，血压奇迹般地恢复正常。这只是极为罕见的个案，成了研究所大家的一个谈资和不解之谜，也激发起研究所科学家们对真菌药用价值研究的热情。

每一个5月的开始，又是一年菌中毒的开始，也是新一轮菌中毒故事诞生的开始。这种菌中毒，一方面确实是因为菌当中的一些毒素，造成了一些生理上的中毒反应；另外一方面，更是云南人心理上对菌中毒需求的反应。他们对菌中毒都抱有一种很特殊的想象，他们是这个地球上的一种特别的人群，他们迷恋这种上天赐予的美食，同时又对菌当中的毒素保持着一种又爱又怕的矛盾心理。其实他们还没有吃到这一口菌，就早早进入了一种愉悦的中毒状态。云南人不管走到世界任何地方，只要在这个季节，都会说："太想吃菌了。"这个时候，就是云南人民集体想为这种美食中毒的时间来到了。

紫褐牛肝菌

Boletus violaceofuscus

皱盖牛肝菌（黄癞头）

Rugiboletus extremiorientalis

牛肝菌

罗马不是一天建成的,森林大地上的牛肝菌却是一天长成的。

在云南那些布满菌丝网络的森林里,牛肝菌就像一个个精灵,土地上头一天可能还完全看不到一丝要生长出来的痕迹,也许到了第二天,各种颜色、品类的牛肝菌就出来盛装跳舞了。不同品种的牛肝菌色彩各异,那种丰富又自然的色彩调和,就算是擅长使用颜色的艺术家也会叹为观止。

全世界的牛肝菌目约有1300种,而在云南省就有226种以上。但是,云南人祖祖辈辈用自己的生活经历总结出来的吃菌经验就是:牛肝菌只吃民间称为"黄癞头"的皱盖牛肝菌,以及白牛肝菌、黄牛肝菌、黑牛肝菌、见手青等常见且容易辨认的种类。

每年5月的第一场雨下来,云南人就计划着开始吃本年度的菌了。菜市上,陆陆续续有一些新出的野生菌上市。老年人总是忧心

玫黄黄肉牛肝菌

Butyriboletus roseoflavus

是每年最晚还在吃菌的人家。我们居住的小院有六户人家，除了睡觉，其他时间没有一家会关门闭户，所以我可以根据各家厨房里炒菜的香味，判断出他们家今天吃什么。张妈妈家一炒牛肝菌，夹杂着蒜片和皱皮青椒味的菌子香味就会飘荡在小院里。他们家人多，炒菜都是每种一大碗，尤其是炒菌时。每次炒菌，弥漫在院子里的香味一出来，我们院里的小孩子就盛了饭，添了菜，故意跑到张妈妈家门前，去跟她家的孩子们一起坐在小板凳上吃饭。这时，张妈妈看到我们来了，就会把好吃的菌夹到我们的碗里。这应该就是我记忆里最早爱上菌子这种美食和蹭饭的经历了。她们家总是换着买各种牛肝菌来炒了吃，见手青、黄癞头、黑牛肝都是我在张妈妈家就早早学会了如何区分的。所以在云南的孩子看来，菌子就是一种美味的食物，跟童话故事里的那些美妙神奇的传说是很难联系在一起的。我们被早早灌输了菌是可以吃的美味食品的想法，但很多菌是会毒死人的，所以炒菌时一定要小心。在孩童时期，我们就大致学会了区分可食用和会中毒的菌子，牢牢记住了那些色彩灰白优雅、带着裙边的菌子是千万不能碰的，因为它们就是会致命的鹅膏菌。

  有的久居昆明的异乡人，虽然在昆明生活了几十年，但对于见手青还是谈之色变。因为它上市相对早一些，就连昆明人都觉得吃第一波头水菌，也是风险很大的。但是作为一个昆明人来讲，每年要吃到了这第一波的见手青，才会觉得吃菌的季节开始了。

  这些品类的牛肝菌只要注意烹制方法，一般来说不会导致中毒。但是在烹制见手青的过程中，就必须格外小心。其实云南菜好吃的真谛就是食材，配料和过于繁复的手法，用来烹制见手青都是多余的。昆明人把见手青从菜市买回家泡在水里，用表面有绒刺的小南瓜叶子洗干净，切成片，但是一定要厚薄均匀，同时准备大量的蒜片，另外备好云南丘北的干辣椒，或者昆明的皱皮青椒。把猪油、菜籽油对半放入中式传统铁锅中烧热。先把蒜片爆好，放下辣椒炒香，再把切成片的见手青倒入锅中均匀翻炒，刚才还发青发蓝的菌片遇热以后马上变回黄色。翻炒过程中，菌会慢慢出水，经过一段时间的翻炒，锅中见手青渗出来的水慢慢被炒干，只留下翻炒中的油，除了少许盐，什么调料都不放，这道见手青就是最自然的人间美味了。很多没有中过毒的年轻人为了品味见手青的脆爽，只炒7~8分钟就起锅。通常炒够12分钟是比较把稳的。当然，也有吃见手青中过毒的食客一定会坚持炒到15分钟，这样炒制过的见手青绝对安全，但是渗出来的汁水也会被炒干，成品便少了见手青应该有的那一份黏稠幼滑。

云南一些地方有自己独特的炒菌方法。我的朋友明刚是个资深美食家，他经常会拿家乡个旧市老厂镇的见手青切成近半厘米厚，加入红绿辣椒爆炒5分钟就上桌来吃。第一次我吃得心有余悸，感觉是在吃传说中的见手青刺身。那种脆爽的口感，是我吃见手青从来没有体验过的。

烹炒见手青的过程中，一定要拿一双筷子，把锅铲上面粘着的菌片拔下来，如果炒不均匀，哪怕只有一小片是夹生不熟的，都可能引起中毒。从前，昆明的老人还这样说：如果在炒的时候发现蒜片发黑，也会有中毒的情况发生。但是依我的经验，从来都没有看过蒜片发黑。即便蒜片没有发黑，也同样出现过中毒现象，所以文火慢炒，使其熟透，才是烹制见手青而不吃中毒的唯一秘籍。尤其应该注意的是，头一顿没有吃完的见手青，如果放在冰箱保鲜，第二天吃隔夜的见手青之前，一定要用铁锅再次爆炒后才可安心食用。有的食客偷懒，用微波炉加热一下就吃，基本百分百会中毒。

有一年我去香港，定居香港多年的老朋友李梅希望我带一份见手青给她。菌带到香港就马上放到冰箱里了。那两天白天我们都在忙工作，基本上在外面的食肆用餐。我刚到香港机场准备回昆明，她就来电话说自己已经迫不及待赶回家，准备吃这一口想念很久的家乡美食。飞机刚落地昆明，我就又接到她来的电话，说话已经有点含糊不清的"大舌头"，但她很兴奋，说她家的墙纸图案一直在变换，而且会动。我马上意识到她是菌中毒了，赶快通知她男朋友把她送进了医院。香港的医院基本上没有碰到过这种菌中毒的病人，现学习，现研究，现治疗，折腾了她好几天才治愈。

我个人认为，见手青是所有牛肝菌当中最美味的一种。牛肝菌大家族里面有很多品种，但是，每年从蘑菇季开始，一直到结束，基本上都能看到见手青的踪影。最近几年，云南菜在全国越来越受到大家的喜爱，在各地的云南餐厅里，大家也开始认识各种云南野生菌。但是见手青这种人间美味在寻常餐厅是不可能享受得到的，因为有中毒风险，一般餐厅会选择一些毒性小一点的菌，诸如黄牛肝菌、黑牛肝菌。而且，餐厅为了食客的安全，会先将菌切成厚片过油或者过水，在保证熟透的前提下，再用传统烹饪方法烹制，这样就完全不可能保留见手青那份特别的口感。还有最近几年流行的野生菌火锅，把所有能找到的野生菌放到一个锅里，除了煮出一锅好汤，所有的菌都变成了一个味道，我总是觉得有些暴殄天物，不过倒也变成了昆明人接待外地人吃菌的一种新方式。但是，如果一个昆明人能够在家里文火慢炒见手青请你吃，那无疑是一种最高的礼节待遇了。

2020年，我在筹备诗人于坚和艺术家马云的手稿展《文人》时，看到于坚于20世纪80年代拍摄的摄影作品《大观街》，一下勾起了我的很多回忆。小时候我分不太清吃的是见手青还是黄牛肝菌、黑牛肝菌一类的，因为烹制后的外观都差不多。然而我能一眼辨识新鲜的见手青，小时候每到菌上市的季节，在大观街的市集上，我便与童年玩伴在这里玩耍。

旧时的大观街，从人民西路一直通到大观楼，在人民西路和环城马路（今西昌路）之间的这一段路的两边有很多自然形成的市集，汇集了各式各样的小摊小贩，热闹异常，所以叫大观街。而从环城马路到大观楼的这一段，因为都是民族事务委员会、部队的43医院等机关或者单位，显得比较冷清，被称为大观路，可见昆明人对于路和街的命名是极为严谨的：路是商业不集中的街道，街是集中了商业的街道。

那个时候大观街永远都是熙熙攘攘的。如今，昆明最大的农贸市场篆新农贸市场，就在后来的大观路上，可以说，格外繁荣的篆新农贸市场是有当年大观街集市的基因的。即便是在20世纪70年代，在整个国家还是严格的计划经济供给制时期，大观街作为调剂补充市民生活的"自由市场"也奇迹般地存在着。因为临近篆塘码头，明清以来这里就是昆明比较集中的商业区之一，街上都是昆明传统的土木结构的房子，楼下是铺面，楼上可以住人，门窗和门板一律刷上绿色油漆。大观街菜市比较集中的是中间一段，靠近仓储里和庆丰街这一段，也就是今天的大观商业城这一片。菜市最集中的口靠近仓储里，街口有一个国营的大观食堂，是当时唯一出售做好的肉菜的地方。

在那个年代，要靠政府发放的肉票才可以买到肉，尽管菜市场热闹非凡，但售卖的都是一些农民自留地里的蔬菜和一些不在管控范围内的、从滇池及附近河沟里打捞出来的小鱼小虾，还有就是农户用蔬菜腌制的腌菜。每年有菌上市的时候，就是大观街的旺季了。计划经济计划得了国家统一的物资，却管控不了雨后山上长出来的菌，村民们纷纷把上山拾来的菌拿到这里来换一下零花钱补贴家用。当初没有今天这么发达的物流，没有外地食客的垂涎，野生菌与蔬菜是差不多的价钱，每种菌单独用竹编的提篮装好，一提篮几毛钱。来卖菌的这些农人，基本上都生活在昆明周边靠山的村子，大多集中在官渡、西山区一带靠山的地方。他们的服装都很传统：农妇们头上顶一块阴丹蓝的头帕，穿着她们称为"姊妹装"的传统中式衣服，腰上系一块有刺绣的围腰；男人们也大都穿着中式有布扣的对襟衣服，脚上穿着剪刀口的鞋子，他们底气很足地大声说话，带着

◆ 大观街街市，1989年，云南昆明，张卫民摄

菌中毒

牛肝菌

浓重的官渡口音。我们小孩子就学他们讲话，基本上每个昆明的孩子都会说几句官渡口音的话来打趣一下。见手青上市的时候，村妇们总是把山上采摘的一些蕨类植物的叶子铺到提篮的下面，再在上面堆上色彩鲜艳的牛肝菌，而且堆得很有技巧：先是用一些个头大的、菌盖已经展开的菌搭起一个空的结构，再在上面覆盖上一些菌盖尚未打开的菌，看起来饱满新鲜。我们小孩子总调皮地去拆穿农人们这份可爱的狡黠，把手伸进提篮里一拨，满满一提篮菌瞬间变成半篮。我们起身就跑，农妇追着打骂："打死你这个小砍脑壳呢！"孩子们则欢笑着跑过菜市，又准备去下一个卖家那里讨嫌。

藏在大观街后面的仓储里是一个古地名，大观商业城建成之后，这个名字就永远地消失了。可能因为这个地方当年离篆塘码头近，被官府用来作为仓储，故而得名。仓储里一边连着庆丰街，另外一边有条小路可以一直走到东风西路上。这两条街的地面都保留着原来的石板，因为人走马过，一块一块的石板都被磨得锃光瓦亮。路边还有一些水井，居民到20世纪80年代依然在使用它们。小巷深处，有一个昆明的酱菜厂，我经常看见工人们穿着高筒水鞋，在工厂里走来走去，腌制各种酱菜，那时候觉得特别不解，吃的东西怎么可以让他们穿着水鞋在上面踩，所以落下了一直到今天都不太敢吃酱菜的这个毛病。

昆明因为古代屯兵，很多地名都以那时的军队编制来取，所以有"前卫营""王旗营"等地名。"仓储里"估计就是古时用来储存物资的地方吧，后来成为昆明商业比较集中和发达的地区。这个片区

兰茂牛肝菌
(见手青)

Lanmaoa asiatica

红网牛肝菌
（红见手）

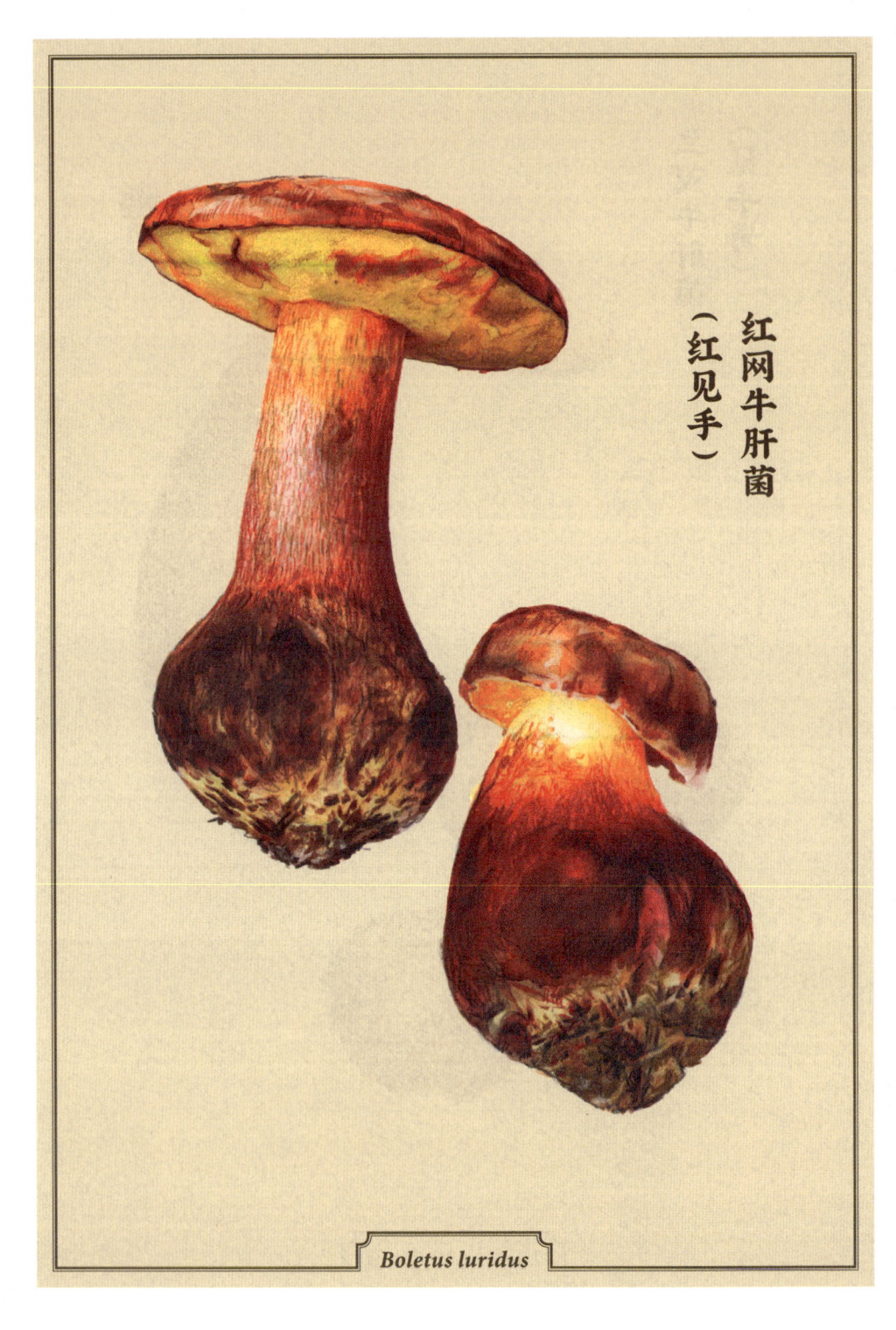

Boletus luridus

也是昆明传统民居最为集中的地区之一，有传统的"一颗印"民居，也有根据自然形态形成的不同风格的居民宅院。这些小巷深宅都保留了昆明人淳朴生活的基本传统，无论在哪个院子里面，都会有自己的一个花台。有种了几十年葡萄的葡萄架，也有刚种了几年就茂盛得成簇成束的金银花。如果是有院子的人家，会客、吃饭、晒太阳，一家人的日常生活基本上都在院子里面完成。

大观街附近仓储里的最深处，住着那个从不让我吃见手青的五奶。五奶是我奶奶的五妹，所以我们叫她五奶。奶奶家从前在玉溪开设了最大的染坊，但她们的婚姻都是在年轻时被父母包办的。奶奶从玉溪嫁到昆明的时候，年纪还小，所以长大后完全是昆明口音。五奶则在玉溪生活的时间长一些，所以说话时总会有几个字还带着浓浓的玉溪口音。五奶嫁到昆明后没几年丈夫就过世了，后来改嫁了一户李姓人家，李姓丈夫给她留下了这个在仓储里的院子。五奶的院子是细长型，进门有一个两层的小楼，租给了一对夫妇。东面两间房，一间是租客的厨房，一间租给了一个画画的小伙子。最里面也是一个两层的小楼，五奶住在楼下，楼上还是一个租客。五奶的卧房外面有一个类似今天客厅一样的地方，但是没有任何门窗封闭，厨房也在这里，看起来还有一点开放式厨房的意思。五奶一生无儿无女，靠这点微薄的房租收入，从1950年过到了1986年，直到过世。五奶没有子女，所以对我们这些侄孙儿女视如己出，每年过年前，她就会早早去银行换一些崭新的纸币，给我们发压岁钱，我印象当中人生第一次收到的压岁钱，不是父母给的，而是五奶给的。

也许是五奶出生于大户人家的原因,尽管后来已经成为没有直系亲属赡养的"五保户",但是她一直保留着午睡后先去茶馆里听几分钟票友们唱的昆明花灯剧,然后慢悠悠走回家"吃个晌午"——其实就是"云南下午茶"——的习惯。那时候没有冰箱,她会把各种滇式点心存放在一口小铝锅里。她必须要在每天下午4点钟左右,吃一块点心,喝口茶,才慢悠悠地开始做晚饭。我跟五奶特别亲,当我可以独自出门,大概是小学三年级以后,每个周末我都会从我住的塘双路,一直走路到大观街的仓储里,去看看五奶,最主要是去蹭一顿五奶做的美味晚饭。

五奶是生活在新旧时代交替的人,一辈子没有穿过西式的衣服,永远都是穿被称作"姊妹装"的这种阴丹蓝老式衣服,一双脚经历了从裹小脚到放大脚的过程,所以既不属于小脚,也不是正常的脚,带着浓厚的时代印记。我每次去看她,她都非常开心。有菌的季节,她会叫上我一起走到街口的菜市去挑一些菌买回来。但是在我的印象当中,她从来没有买过见手青回来吃,总是买一些她认为比较安全的黄牛肝菌、黑牛肝菌回来,用最传统的炒法,即用昆明皱皮青辣椒和蒜片(只是不用干辣椒)文火炒6~8分钟,炒出菌汁,炒到像杭帮菜里的鳝糊状就起锅。菌黄蒜白,配上绿油油的皱皮青椒,异常清爽,就着这道菜吃一碗过滤了米汤的白米饭,感觉其他菜都不需要了。后来我才知道,五奶从来不买见手青回来吃,是不愿意让年少的我有吃菌中毒的危险,不希望吃菌引起中毒,带来更多的麻烦。直至今日,五奶当年的一片用心我依然铭刻在心。每次吃完饭,五奶就会催促我早一点回家，往我口袋里塞上几毛钱，让我不要走回去了，去坐公共汽车回家，最后也会叮嘱我下个星期早点过来，最近雨水多，来吃菌。所以昆明人夏天吃菌，是一种美食生活，更是一种生活仪式。

20世纪90年代，一个意大利人Rocco来到昆明，发现这里居然有跟他的家乡一样美味的牛肝菌，于是在昆明拉丁区文化巷开了一间小小的比萨店，名字叫乐客。昆明人发现在比萨里居然有自己熟悉的牛肝菌，比萨店一时间门庭若市。后来他把乐客搬到了花鸟市场的甬道街一个古色古香的昆明老院子里，在这里吃着乐客刚刚出炉的牛肝菌比萨也是别有一番风味。只是据说，后来Rocco在云南和意大利之间的牛肝菌生意越做越大，就无心经营一个小小的比萨店了，我们一帮经常去光顾的食客多少有点怅然若失。于是，我只有自己开始研究如何用见手青来烤比萨，现在见手青比萨已经成为我们家待客的一道拿手菜了，每年菌子季来临之时，我的美国同事Jeff就会很惦记地反复问："我们什么时候吃见手青比萨呀？"

干巴糙孢革菌
（干巴菌）

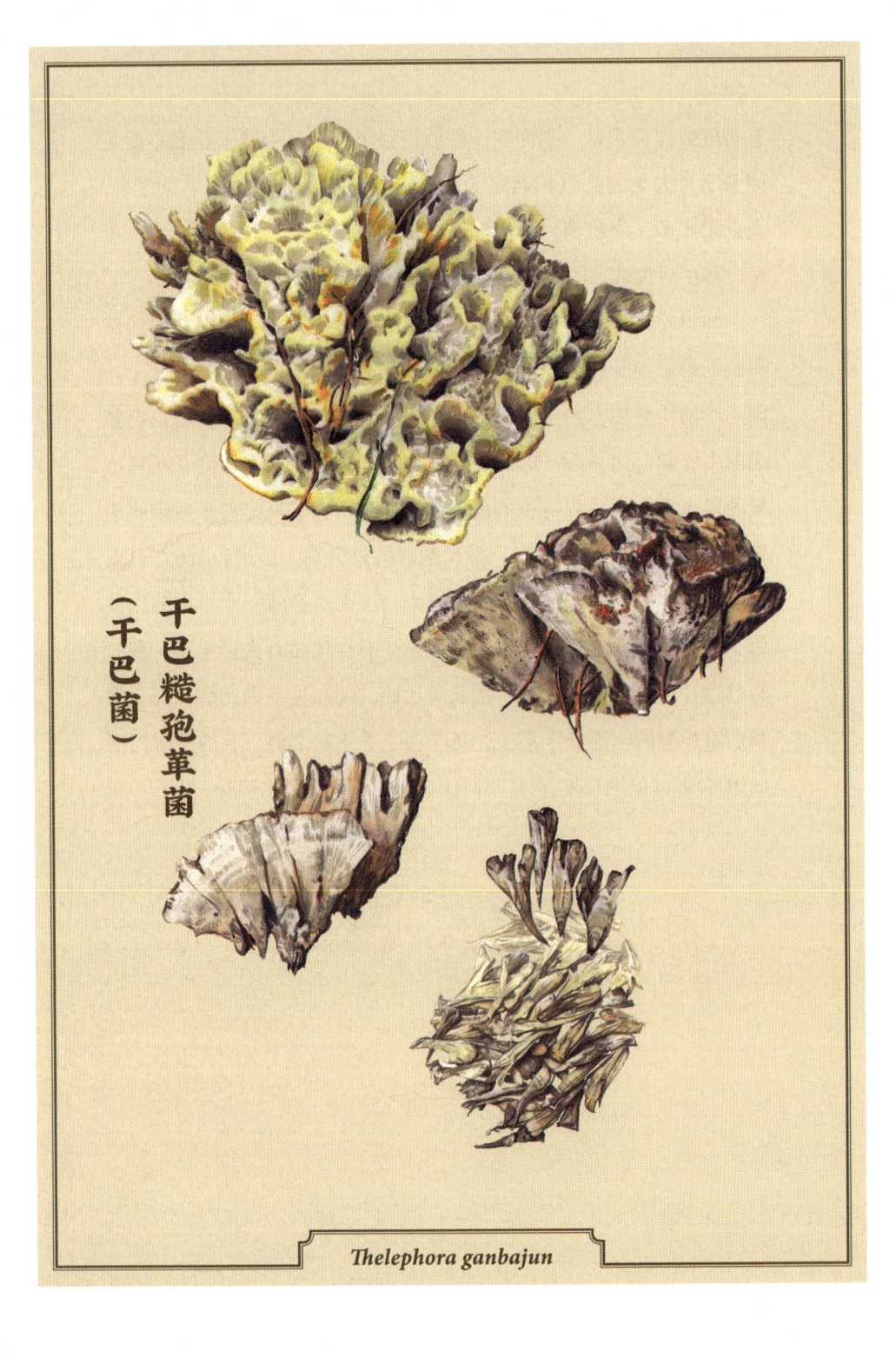

Thelephora ganbajun

干巴菌

    城市不断改造更新，昆明最具人间烟火气的大观街街市消失了几年后，1998年，在离昔日大观街不远的篆塘附近的一个废弃生产资料市场，一个服务于这个片区群众的农贸市场慢慢形成了，因为地处篆塘和新闻路之间而得名"篆新农贸市场"。从前大观街街市的基因让篆新农贸市场续起了昆明城市的这脉烟火气，昆明人也开始从城市的四面八方来这个市场采买日常用的农副产品，市场生意越来越火爆。仅仅经过几年的发展，整个生产资料市场和周边一些经营场地就都成了篆新农贸市场的一部分，每天有近千家商户摊贩在此经营，日均4万~5万的人流，这里随时都熙熙攘攘、人气爆棚。当年大观街街市售卖的云南不同地区的特产，不同地域的应季时蔬、鱼肉菜蛋禽应有尽有，最有意思的是一些有地方特色的云南小吃，在这个市场也能觅见。买菜的大姐们总是会先去买一碗豌豆粉或者凉米线吃，然后就有了力气去跟摊主一毛几分地讨价还价，买完菜再顺手买一把山茶花回去装扮自家。从前活跃在翠湖周边和大观街茶馆里、我五奶喜欢的那些民间业余花灯剧社也搬了到这个市场里。我有时候买完菜，想歇歇脚，就会花几块钱买张门票买杯茶，跟着台上扮相认真、唱腔稍微有点跑调的业余花灯票友摇头晃脑地唱上一段，直到自己都忍不住笑场才跑出来。这几年，由于资讯发达，昆明篆新农贸市场已经成为中国的"网红"菜市场，每年都会有朋友来昆明，要求去篆新市场"打卡"，买尽各种云南和东南亚的稀奇食材，当然也少不了菌子。

2021年6月的一天，我来到昆明篆新农贸市场找到一个熟识的卖菌人，准备把他留给我的一篓新鲜的干巴菌买回去，这是他当天上午专程从峨山运来的。他一边仔细拣着干巴菌上的松毛，一边絮絮叨叨地告诉我，这一篓干巴菌是他表妹在山上发现后，用绳子围起来守了几天，直到长得成熟饱满才采来的。旁边有一个来自外省的游客，看着我们一朵一朵地欣赏，十分诧异地问我："为什么这个东西那么贵，要1000块钱左右一公斤？"我竟一时语塞，很难用语言马上跟一个外地人解释清楚，干巴菌在昆明人的心目当中究竟是什么样的地位。我想告诉他，如果用今天的话来形容干巴菌，那就是：干巴菌处在昆明人野生菌鄙视链的最顶端。所有菌子中，它始终是价格最昂贵的。难怪昆明人会开玩笑说，如果有一天你吃干巴菌自由了，也就是你财务自由了。

干巴菌的长相堪称丑陋。它既没有蘑菇精灵般的外形，也没有菌子的丰富色彩。完整的干巴菌，有点像动物的脑花，颜色是灰白色，被采摘后颜色会慢慢变灰黑色。也难怪汪曾祺先生在《昆明的雨》中写道："有一种菌子，中吃不中看，叫做干巴菌。乍一看那样子，真叫人怀疑：这种东西也能吃？！……有点像一堆半干的牛粪或一个被踩破了的马蜂窝。"但汪曾祺后来又觉得："（干巴菌）和青辣椒同炒，入口便会使你张目结舌：这东西这么好吃？！"他还在《菌小谱》中写道："干巴菌是菌子，但有陈年宣威火腿香味、宁波油浸糟白鱼鲞香味、苏州风鸡香味、南京鸭胗肝香味，且杂有松毛清香气味。"

我曾经多次尝试宴请外地客人吃干巴菌。初初尝试，外地人一般都不是很能接受。因为干巴菌生长在落下的松针上，喜欢的人觉得它有晨间松树的清香，不喜欢的人觉得它其貌不扬，其味也怪，有一股浓浓的松针腐烂发酵到快要出酒的味道，也有人说是青霉素的味道。当然有少数人是从一开始就喜欢上它的，不过也有很多人是因为有了第一次的尝试，慢慢回味之后，才渐渐喜欢上干巴菌的，直到后来不能自拔。所以外地人吃干巴菌很多都是先识得，后品味。

每年的6月中旬到9月中旬，干巴菌就是昆明菌市场上当仁不让的菌中之王。因为产量较小，所以在云南野生菌市场里，干巴菌的价格从来都是最昂贵的。除了滇西北和滇东北部分地区，云南很多地方都出产干巴菌，比如昆明、玉溪、红河、楚雄、大理等，特别是昆明附近的宜良、峨山、易门、禄丰，以及红河的石屏、大理的宾川等地，这些地方出产的干巴菌都十分优质。

干巴菌生长于海拔600~2500米的红壤松林中的落叶和苔藓之间，多在云南松、思茅松、华山松、马尾松的松针落叶地表出现。新鲜的干巴菌像极了喀斯特地貌的云南石林的石头，如珊瑚一般，呈扇状，表面为灰白色或者灰黑色，有的黑中带一点点绿色，色彩十分高雅。干巴菌质地柔软且极有韧性，还散发着一种异香，那种夹杂着松树的清香和落叶腐化气息的味道，真正是让你能够呼吸到森林清新的一种感受。

上品的干巴菌分为两类，一类是杂质特别少的干巴菌，把菌脚部分的泥去掉，撕成宝塔形的小丁，也像一粒粒饱满的葵花籽，略加清洗即可烹炒；另外一类在生长的过程中，与落地的松毛相生相伴，你中有我，我中有你。这类干巴菌择洗起来比较费工夫，需要把那些松毛一根一根清理掉，但是这种与松毛共生的干巴菌味道特别浓郁。

干巴菌采摘下来，运输到昆明，就会渐渐有点发黑，口感也不及新鲜的时候。快捷的交通方式是1910年通车的滇越铁路的米轨火车。滇越铁路中国段连接昆明和河口，沿线各站的山民们会把拾来的菌子拿到车站上售卖，交易时间就是靠站停车的几分钟，乘客与山民飞快地选择、交易，有时火车开动了，小贩们还在追着火车收菌钱，看着也是生动至极。那个时候，人们可以通过这条米轨铁路把宜良附近山上采摘的干巴菌，用最快的时间送到昆明的饭桌上。昆明人之所以一直认为宜良、峨山的干巴菌品质最佳，其实是因为菌子的口味与菌子的新鲜程度有非常大的关系。

昆明人烹制干巴菌手法也很简单。首先炒制干巴菌：锅中放入猪油、鸡油各半，待油开始冒烟时将干巴菌入锅，翻炒1~2分钟，干巴菌中的水汽一干，即可起锅待用。准备与干巴菌等量的皱皮螺丝青辣椒、红色小米辣各半剁碎，蒜瓣若干剁碎，云腿片少许。猪油、鸡油各半入锅烧化，放入云腿片、大蒜、辣椒爆炒。等辣椒香味一出来，马上倒入事先炒至半成品的干巴菌，翻炒不超过1分钟，即可起锅食用。

从前因为交通的问题很难吃到新鲜的干巴菌。当没有保鲜的设备和设施，人们又希望能在一整年的时间里都能品尝到干巴菌的美味时，民间就发明出干巴菌的两种保存方式：一种是干巴菌过油以后，用油浸泡起来存放，到第二年春节前后，就依然可以在家庭餐桌上吃到青椒干巴菌，但是味道自然大打折扣；还有另一种富有昆明特色的做法：把它做成苤蓝鲊。昆明人戏称这道菜为"甲级咸菜"，所谓甲级是指用料高级，因为这道咸菜的精华是腌制时用的干巴菌。因为拥有得天独厚的气候条件和丰富的食材资源，所以昆明人能够把很多蔬菜食材入鲊。鲊最早是指用盐和红曲腌制的一种鱼，后来指用米粉加上盐及各种调料拌制的切碎的蔬菜，于罐中腌制，可用来佐饭。在昆明，传统上有茄子鲊、萝卜鲊等，但是手巧好食的昆明人似乎可以把一切食材都炮制成鲊。日本京都的鲊作坊与昆明的这种鲊文化有一脉相通的地方。有一年走在京都的街头，发现出售各式各样的鲊的铺子比比皆是，有用鱼入鲊的，也有很多用蔬菜入鲊的，让一个从小吃鲊长大的人，觉得分外亲切。

苤蓝鲊的做法独特：夏天太阳正好的时候，把苤蓝切成丁，暴晒干。干巴菌撕成丝，韭菜花、红绿色皱皮辣椒洗净晾干、剁碎，拌在一起，再加入红糖、盐、高粱酒，揉拌、装罐腌制，几周后即可享用。我在冬天的时候会特别想念干巴菌的味道，炒一盘鸡蛋炒饭，或者盛上一碗白粥，配上干巴菌苤蓝鲊，口腔里顿时弥漫着干巴菌的香味，仿佛一下回到了夏天，回到了有松树香气的森林。

1999年以前，昆明的城市格局基本上保留完整，金碧路一带是法国建筑风格与中国传统街道风格相融合的街区，颇有一点上海法租界的味道。在金碧路与宝善街之间，有一条同仁街。同仁街是当年聚集在昆明经商的广东人修建的，两边是整整齐齐的骑楼，走在这条街上，恍若来到了广州的"上下九"。几经流年，这条街上已经物是人非，居民已经以昆明当地人为主了，留下来居住的广东人家庭及后代凤毛麟角。丘四哥家，就是剩下的为数不多的几个"老广"家庭之一。丘四哥，我们都不知道他的真名，只晓得他可能在家排行老四，大家都称他"丘四哥"。丘四哥长着典型的广东人的样子，高额头，凹眼睛，年轻时也是整天坐在金碧路上的"南来盛"喝喝咖啡，江湖中打打杀杀。不觉半生匆匆而过，才发现上有老、下有小，他只能面对现实，在家门口书林街上开一个卖夜宵的营生，既能养家糊口，还可以照顾年迈的父亲。丘四哥是个孝子，只要天气好，上午就会把他父亲招呼出来，坐在同仁街骑楼的廊道里，泡上一壶茶，按响播放粤曲的小喇叭；夜晚怕老爷子寂寞，丘四哥就会带他到店里，倒一杯广东人喜欢的"双蒸"米酒，一直喝到半夜，老人家才摇摇晃晃地摸回家去。后来听说，老人家其实是一名老资格的粤菜厨师，老是不放心丘四哥的出品，经常要来把把关。

丘四哥的夜宵店开起来，从前一起混在南来盛咖啡馆的那群老江湖朋友天天来捧场，生意也是红红火火，经常看见丘四哥边掂锅炒饭，边扯着他独特的公鸭嗓子跟他的"玩友"朋友追忆江湖逝水年华。丘四哥有广东人敏感的味觉，所以他的店尽管只卖不超过五个单品，但是每一种都选料精良、烹制认真。他的炒饭，是我迄今为止吃过的最好吃的炒饭。他总是要找自己熟悉的卖火腿的宣威人，买到3年左右的火腿，肥瘦搭配切丁。饭必须是头一天晚上煮好、凉了一夜的饭。火腿炒香，饭粒与鸡蛋蛋清蛋黄一并倒入锅中翻炒，火要大，翻炒动作要快，饭粒裹了一层蛋汁和火腿油，在高温的锅中跳舞，再放入一勺提前炒好的干巴菌，一盘美味的丘氏炒饭就炒好了。有一段时间，每天晚上一到午夜时分，我就忍不住想要吃丘四哥的干巴菌炒饭，以至于到现在，我也觉得用头一天炒好的干巴菌在第二天炒饭，甚至比第一天的还好吃。不是菌子季的时候，丘四哥的炒饭里就没有了干巴菌。碰到我们一些老熟客，他就会默默地在围裙上擦干净手，用小碟子装一碟干巴菌苤蓝鲊，悄悄放到我们面前，用他的公鸭嗓子说道："甲级咸菜，拿去下饭。"丘四哥很随性，碰到老朋友就这样冷冷地想方设法对你好，碰到不喜欢的客人，才看见这个人停车，就会拿水壶把火浇灭了，满脸堆着笑说："今天提前打烊了！"他宁可不做当天的生意，也要保留几分江湖气概。昆明因为1999年的世博会，城市大兴土木，同仁街被拆除重建，丘四哥一家不知道被安置去了何处，最好吃的干巴菌炒饭也永远留在了

◆ 同仁街街景，1997年，云南昆明，张卫民摄

干巴菌

记忆中。

这些年，随着物流的便利和信息的灵通，越来越多的外地人开始接受和喜爱干巴菌，但也有相当一部分人还是不太接受干巴菌的味道，主要是觉得有一股腐败的味道。其实在中国，"食腐"从来就是一种传统的境界。南方、北方都有各自口味的臭豆腐，安徽有臭鳜鱼，南方沿海地区还要把虾发酵制成虾酱来吃。

艺术家唐志冈，江湖人称老唐，是我的朋友中最痴迷于食腐之人。他的父亲是安徽人，母亲是南京人。安徽人喜欢吃臭鳜鱼，南京人喜欢吃毛鸡蛋。可能因为父母遗传基因的原因，老唐特别喜欢吃各种奇奇怪怪的"腐败"食品。所以，如果约他一起吃饭，只要用"腐食"诱惑他，他一定会欣然赴宴。

老唐南人北相，颇有一点奉系军阀长相，却有一种超乎常人的艺术家特有的敏感，对食物味道也敏感至极。老唐长着一双狡黠的小眼睛，每当他鹰隼一样的鼻子闻到有特异气味的食品时，小眼睛立马放光，不论是看到父母家乡的臭鳜鱼、毛鸡蛋，北京的豆汁，还是云南传统的臭豆腐、水豆豉，他整个人都会马上兴奋起来，话也跟着多了起来。他坚持认为食物的最佳食用时间就是开始有一些腐败之时，所以每每吃到此类食物就觉得十分满足，这种时候，就算老唐的太太在旁边絮絮叨叨说，这些食物会对他的身体有不好的影响，他也会完全不在乎，平日里对身体的那种敏感小心荡然无存。他开心地摸着花白的胡子，先享受食物弥漫在空气中的腐味，然后大快朵颐起来，体会味道之美。

老唐平时会对这帮从小一起长大、比较容忍他的老友吃五喝六，有些霸道，但大家其实都知道他胆子特别小。他怕流血，却又经常发脾气，有一次拍碎家里的玻璃台面，弄得鲜血四溅，结果自己先昏厥过去。他也怕坐飞机，有一年春节，我们一起从丽江坐飞机回昆明，正好碰到每年春季的大风天气，飞机颠簸得厉害。我和他的座位隔了一个过道，我看见他一只手在搓座位扶手，眼睛翻着白眼，我连叫他几声，他都没有任何反应，一直到落地之后才回过神来跟大家讲话。

老唐似乎连面条都不会煮，但是不妨碍他成为一个美食家。很多年前，当汽车还未普及的时候，他就买了汽车，原本说主要是为了外出写生画画方便，结果是利用出行的便利发掘了一大批滇池周边的"苍蝇馆子"，然后兴致勃勃地呼朋唤友，开着车去吃凉拌螺蛳、小白鱼。他甚至会为了吃一盘最家常的番茄炒豆腐，叫上我们驱车50公里到白鱼口，因为他就觉得那个老板亲自下厨炒的这道菜才是他童年时候的味道。

每年菌子季来到的时候，就是老唐一年中最幸福的时光。老唐认为，干巴菌鲜香就是因为它生长在有些腐败的松针落叶上，保留有一定的腐味。也正是这种特殊的腐味，让他每年都要约上三五好友，驱车上百公里，上峨山，下易门，去找自己认为最新鲜、味道最浓郁的干巴菌，回来让他太太大大炒上一盘，大家一抢而光。老唐认为，中国人吃东西的最高境界是"食腐"，而像干巴菌这样既带有腐败味道，材质却又无比新鲜的食品，就是当之无愧的人间珍馐。

变绿红菇(青头菌)

Russula virescens

青头菌

在整个菌子季里，人们都能看到青头菌的踪影。每年夏秋季是它的生长期，时间还比较长，雨后产量就特别大，昆明人家中会从夏天一直吃到秋天。

昆明附近出产的青头菌大多生长在针叶林、阔叶林或针阔叶混交林。青头菌的生长很有意思，大部分以成对的形式出现。去拾菌的时候，你如果在树林中发现一朵青头菌，那么在不超出一米的范围内大概率也可以找到另外一朵。青头菌刚生长出来时极具伪装能力，它的菌盖部分呈球形，颜色像青草一般，有一定的伪装保护功能，不容易被发现。云南人把这种菌盖尚未打开的类型叫作青头菌骨朵。青头菌骨朵长大以后会变成半球形，然后慢慢打开，菌盖表皮就开始出现龟裂纹路。菌褶和菌肉都是白色的。当雨季来临的时候，在沟洼地带最容易发现青头菌。昆明周边各地和云南滇西的三江并流区域,都盛产青头菌。

基本上出菌的雨水一下来,菜市场上面就会摆满了青头菌,菌盖呈淡雅的灰绿色,菌柄雪白,还真有几分青(清)白传家的意思。因为产量大,在所有的菌中,它的价格并不算贵,所以很多人下班时路过菜市场,就会顺便买上几朵,回到家中或烹炒,或烧汤,就是这个季节寻常百姓家中的一道家常菜了。

街市上的农人们总在提篮里铺上有几分野性的蕨类叶子,把菌盖已经打开的青头菌和尚未打开的菌骨朵分开来,方便来买菜的客人根据烹饪方法自行挑选。倘若这一天买回来的是大部分刚刚张开来的青头菌,那么适合烩来吃。青头菌自带的汁水,很像厨师做的勾了芡的菜,口感滑润,又带着浓滑的汤汁。近年来,大家也会用到昆明德和罐头厂生产的军用红烧肉罐头。在锅里面的青头菌刚刚出汁的时候,倒入红烧肉罐头,这样烩出来的青头菌也别有一番风味。青头菌的鲜甜与老牌红烧肉罐头的浓香,混合出一种特别的滋味,青头菌化解了红烧肉的油腻,红烧肉勾出了青头菌的鲜美,确实是相得益彰。如果当天买的菌骨朵较多的话,那么就会考虑做成云南传统菜瓤青头菌,这是几乎每个昆明人从小吃到大的菜式。市面上的餐厅,因为时间成本,大多不太愿意做。

据说青头菌对忧郁症有奇效,这可能只是一种传说而已,但是烹制和享受青头菌的过程是一定有治愈作用的。我心情不好时,就会去买一点青头菌来做一道瓤青头菌,先改善一下伙食,再改善一下心情。挑选青头菌骨朵回来洗净,将菌盖部分摘下来。把肥瘦猪肉洗净，捶剁成肉茸，用加过葱、姜的高汤调散，放入食盐、胡椒粉、鸡蛋黄调匀为瓤馅。再把鸡蛋清调少许水淀粉涂在青头菌帽的内壁上，将瓤馅逐个填满青头菌的菌帽。这样一个个填满菌帽的过程倒确实有些解压，心情也随之好起来。把炒锅里面的油烧至五成熟，将瓤馅青头菌帽倒入油锅里过油，捞出沥油。手撕菌柄，放到油锅里炸。把瓤青头菌帽放到碗里，加入炸好的菌柄，上笼蒸10分钟取出，倒扣在汤盘内。蒜片炸香，取蒜油淋入高汤中，最后把高汤浇入汤盘中。较为科学的解释是，青头菌含有蛋白质、碳水化合物、钙、磷、铁、维生素B_2、烟酸等营养成分，一般人都可食用，尤其适合肝火旺盛或是患有眼疾、忧郁症、阿尔茨海默病的人食用。

青头菌以当天采摘、当天食用最为美味，隔夜就有变质的可能，口感会发苦。它的保鲜运输难度较大，所以云南以外的很多食客并没有口福享受这份大自然的馈赠。即使吃过，也不是地道的烹制方法，等于没有吃到过。云南人对于青头菌的热爱有一部分原因是青头菌如同云南人一般朴实。很多好食者不远万里回到昆明，最惦记的不是昂贵的鸡㙡、松茸，却是那一碗朴素家常的烩青头菌配米饭，再佐一碟油卤腐，那最是能够让人找到童年、找到家的味道。

几年前，为了圆自己做一次建筑师的梦，我开始在泰国清迈修建一个自己设计的房子。泰国工人见面时都礼貌客气，但是碰到困难或者因为语言等因素沟通不畅时，他们可能第二天就不辞而别，一连几天都不会出现在工地现场，过两三天后又笑眯眯地出现在你面前跟你说："萨瓦迪卡！"我那段时间确实被这些工人搞得几近崩溃。工人"罢工"的时候，我只好去清迈的市场上游逛，发现居然有山民在卖一篮子青头菌。仔细一想，泰缅边境与云南也是山水相连，所以很多物产是相同的，只是清迈的青头菌菌盖上的绿色浅了许多。难得一见，赶紧全部买回去，烹制出来，除了青辣椒味道稍微有异，其他味道与在云南吃的一致，一下就安抚了我的思乡之绪。由此，我更加相信美食的治愈作用，好像工人是否按时来工作，房子什么时候盖好都不重要了。我默默告诉自己，入乡随俗，所有的事情都可以慢慢来做。这一切不知道是不是跟青头菌里含有的这些微量元素有关呢？

  我印象当中第一次对青头菌有认识，应该是在上小学以前。那个时候，凡是有老人照顾孩子的家庭，一般都不会把自己家的小孩子送去幼儿园，因为在那个时期，没多少人会觉得幼儿园教育也是人生教育的一个重要阶段。"麦！这些小囡可怜了，睡不够，吃不饱哪！"一辈子穿阴丹蓝姊妹装的奶奶，经常对着隔壁楼上那个每天上午因不愿意被送去幼儿园而哭哭闹闹的小姑娘喃喃自语。奶奶觉得那些孩子之所以要去幼儿园，都是因为父母无暇顾及，只能托付给幼儿园，让他们在那里受苦。所以我们这些不上幼儿园的孩子在当时看来是幸福的，但基本就是放养的状态，靠院子里大一点的孩子带着玩。邻居一个哥哥的爸爸在禄丰那边的一个车站工作，一天，邻居哥哥的爸爸托相识的列车员带了一篮子青头菌回来。邻居哥哥带上我去塘子巷前面的太和街去取，那是我生平第一次在没有家长的陪同下离开家所在的院子，去周围一两公里以外的地方探险。

塘子巷是滇越铁路昆明南站所在地这一片区的统称。这个区域南起昆明火车南站，北到太和街，东起拓东路，西至得胜桥，方圆一平方公里左右。当初法国人修建昆明南站时需要取土用来修建车站，在车站旁边挖了七个塘子，后来在进出车站的马路两边汇成两个大塘子，新中国成立后这里改叫五一公园。20世纪70年代后期，这里又被填平，建了我的中学——昆明铁路第三中学。滇越铁路通车后，川、粤、闽、桂等省的商贾闻风而至，外国人也接踵而来。车站周边建起了教堂、邮局、西式医院，开办了银号，兴办了洋行，餐厅、咖啡厅、酒肆、茶铺、舞厅、妓院等五花八门的店面也陆续出现在周边。有了塘子，又建成巷道，自然形成了塘子巷这个地名。车站出来顺路往北有一排旅馆和食肆，久而久之，这里自然就形成了一个市场，这个市场其实才是真正意义上的塘子巷。塘子巷这个市场从1910年滇越铁路通车后慢慢形成一个黑市，一直到1981年之后因为昆明火车南站拆迁才慢慢衰败至消失。

我在没有来到塘子巷市场之前，都是听家里大人在讲一些那里的逸闻趣事，当时年纪太小，不太听得懂，但是一直特别好奇。他们都把塘子巷叫作自由市场，其实就是一直存在的黑市。跟着邻居哥哥来到塘子巷，仿佛来到了另外一个世界，如同突然空降到了一个阿拉伯的市场，熙熙攘攘，人声鼎沸。一家名为"红缨"的旅馆门口，一群皮肤黑乎乎、不知道是什么少数民族的男子，眼睛闪闪发光地看着来来往往的行人。旅馆守门的大爹手臂上戴着一个红箍，抱着一个烟筒，从容地一口一口抽着刀烟。刀烟是云南烤烟产地的

菌中毒

◆ 滇越铁路起点站昆明南站，1913年，历史图片

村民将当年新鲜出产的烤烟用自制的铡刀切成丝状，用云南传统的水烟筒来抽的一种土烟。

再往前面走是国营餐厅大众食堂。"大众"两个字是毛体繁体字，以至于很长一段时间我都读成"大象"食堂。大众食堂里面排队取小锅米线的队伍永远都排到食堂外面。

人行道上不管白天夜晚，永远人头攒动，有高声叫嚷"幻术魔术好看，幻术魔术漂亮"，然后耍两个小把戏就开始贩卖蜡板油印的魔术秘籍的干瘦男子；也有穿着旧军服，戴个老花眼镜，喊着"壮阳补肾"，贩卖海龙、海马、海狗肾的华侨老中医。人群里满是神色凝重、一脸江湖气的男子，他们被称为"扁担"。"扁担"从前主要是帮车站的旅客挑挑东西，做苦力为生的。没有挑脚活计的时候，也倒买倒卖点特别物品赚点小钱。那段时间，昆明最流行的是从缅甸传过来的一种烧汽油的五星打火机，所以"扁担"都在倒卖五星打火机。"咯要五星火机？咯要五星火机？"他们悄悄地询问路过的人，然后鬼鬼祟祟地交易。我一直觉得这些"扁担"很有气质，比身边的叔叔伯伯们都更有吸引力。

再往前面走，只有一家五金用品商店和一个副食品商店，副食品商店里高高的柜台上的玻璃罐子里放着的都是弹子糖、咸味奶油糖、青果等几种感觉永远没有改变过的食品。跨过拓东路街口，就到了后来陪伴我整个小学时期的一个文具用品店，那时所有的作业本、铅笔、钢笔、墨水等文具都要在这里买，后来学习画画的各种纸张和颜料也是在这里解决。文具店后面是一个从来不见开门的很神秘的天主教堂，旁边ArtDeco风格的建筑据说是二战时期接待飞虎队的谊安大厦，不过那时已经改名叫昆明旅馆了。对这两个地方，老昆明人都有很多传说，极具神秘色彩，总让不经世事的我忍不住浮想联翩。整个塘子巷就是我童年时代昆明的downtown，所有对世界的认知和了解都是始于这个地方。

小伙伴的父母都会告诉我们，这个地方很复杂，那些"扁担"都不是什么好人，越是这么讲，就越挑起孩子的好奇心，以至于一有时间就会往塘子巷跑。假期的时候，差不多每天都要去流连一番。在那个计划经济的年代，一切主要生活物品和食品都是需要票据的，所以肉票、粮票、布票、购物券、肥皂票都是这个黑市上交易的品种。每一个家庭里都有一个抽屉放这些票据，粮票、肉票这些每个月都会用完的生活必需票据，家长们管控得严格一点，其他的也记不清楚，就常常被我们偷出来交给大一点的孩子，拿到塘子巷找"扁担"们换成钱，寒假时买过年放的爆竹，暑假时买应季的水果或是一包金沙江牌劣质香烟。塘子巷是我人生最初知道市场和生意这些概念的地方，也是我跟社会最早的亲密接触。现在每次吃到青头菌，就会想起塘子巷，我童年曾经的乐园。

据说欧洲也有青头菌，但是跟云南的青头菌就完全不一样了。我的好友胡晓刚从前有一个很漂亮的女朋友季娜，后来得知她是中德混血儿。季娜的奶奶当年嫁给了从中国去德国留学的爷爷，爷爷学成回国后成了国民政府的军备专家。他们的两个儿子一个是季娜的父亲维托，一个是季娜的叔叔莱斯托，都在中国长大。后来维托加入了解放军，因为自己的艺术特长，担任了原昆明军区国防文工团的舞美队队长。因为莱斯托有些精神障碍的问题，维托就一直把这个弟弟带在身边。

那个时候，在昆明很难看到一个欧洲人长相的人，但是在昆明西岳庙一带却经常看得到一个大胡子外国人的身影。维托因为平时穿军装，所以不太看得出欧洲人的五官特征，而莱斯托穿便装，又经常在文工团大院外面游荡，所以经常能够看到留着大胡子的莱斯托。

莱斯托虽然有精神问题，也不修边幅，但是身上总保持着一些贵族气息。莱斯托有时候发病了会乱捡东西吃，文工团的演员们大清早看见他从食堂门口过，好心要给他一个糖包子当早餐，衣着几近乞丐的他，用沾满油渍的衣服擦擦手，本以为他要伸手来接，不料他却冷冷地说道："我早餐一般不吃甜食。"我们的朋友孙东风失恋，坐在小河边发呆，突然听到莱斯托在身后说："美吧？我从前常常在莱茵河边上看夕阳。"孙东风觉得，其实莱斯托并不是像大家说的那样疯了，只是懂他的人不多罢了。莱斯托后来在昆明病故了。

维托在部队文工团一直到退休。正好时逢改革开放后，德国政府接回侨民，所以有德国血统的维托一家就回到了德国。由于在昆明生活了几十年，青头菌也是他们家喜欢的一种食物，维托买过，也在昆明附近山上拾过青头菌。在他回德国后，在德国的森林里意外地发现了与云南一模一样的青头菌,于是就采摘回家来吃,却不幸中毒,他以在中国的经验觉得青头菌不应该有毒,便拖了两三天,结果毒至肝脏不治而逝了。

  一个大半生在昆明度过的德国人,怀着昆明乡愁,竟然折戟于几朵德国青头菌,不禁让人感慨唏嘘。

真根蚁巢伞
（鸡㙡）

Termitomyces eurrhizus

鸡㙡

云南的夏天，雨一直淅沥沥地下，每逢这个时候，就是快到端午了，云南人就知道吃鸡㙡的时间来了。快到端午前的半个月，就是鸡㙡开始上市的时候。如果让全云南人投票选出百菌之王的话，一定非鸡㙡莫属。鸡㙡的美味老少咸宜。从前在云南所有的野生菌里，鸡㙡以种类多、产区广、产量大深得大众喜爱。鸡㙡应该是所有野生菌中最鲜甜的一种，以至于后来日本的松茸走红，都让人感觉是要来蹭一下鸡㙡的热度，因此被云南人称为"臭鸡㙡"。鸡㙡肉白似雪，肥而细嫩，清香而鲜甜，凡吃过此菌的人都会念念不忘。

所谓山珍海味里面的山珍，如果指的不是鸡㙡，就不知道究竟是指何物了。甚至还有人从《庄子》里"朝菌不知晦朔"一句推测出，其实早在2000多年前，人们就开始食用鸡㙡了。相传明朝的熹宗皇帝朱由校最为嗜吃鸡㙡，那时应该都是由驿站的快马，飞驰着把最新鲜的鸡㙡送到京城供他享用。据说熹宗皇帝只舍得分出一点点给他的宠妃和独揽大权的魏忠贤,连正宫娘娘都吃不到。后来乾隆年间的文史家赵翼随军入滇,吃了鸡㙡后感慨道:"斯须来入老饕口,老饕惊叹得未有。异哉此鸡是何族?无骨乃有皮,无血乃有肉。鲜于锦雉膏,腴于锦雀腹。"以"天气常如二三月,花枝不断四时春"这两句诗造就昆明"春城"美誉的明朝大诗人杨慎,则把鸡㙡誉为"玉芝"和"琼英"。

他曾写下颇具英雄气概的《临江仙·滚滚长江东逝水》:

滚滚长江东逝水,浪花淘尽英雄。
是非成败转头空。
青山依旧在,几度夕阳红。
白发渔樵江渚上,惯看秋月春风。
一壶浊酒喜相逢。
古今多少事,都付笑谈中。

杨慎因"大礼议"之争而被杖责罢官,谪戍云南期间,虽然颠沛流离,但他没有丝毫的懈怠颓废,而是寄情云南大地,创作了不少歌咏云南山水风物的好诗。杨慎有幸一啖传说中味道鲜美的鸡㙡,惊叹不已,遂作诗《沐五华送鸡㙡》,将鸡㙡比作天上仙人吃的玉芝、琼英一般的珍贵美味:

海上天风吹玉芝，樵童睡熟不曾知。

仙翁住近华阳洞，分得琼英一两枝。

在云南生活过的阿城在《思乡与蛋白酶》里写道："说到'鲜'，食遍全世界，我觉得最鲜的还是中国云南的鸡㙡菌。用这种菌做汤，其实极危险，因为你会贪鲜，喝到胀死。我怀疑这种菌里含有什么物质，能完全麻痹我们脑里面下视丘中的拒食中枢，所以才会喝到胀死还想喝。"鸡㙡的所谓"鲜"被阿城先生一下升华到了天花板上了。

云南人也把自己认为出类拔萃的人物用鸡㙡来比喻。大部分云南人都认为自己是"家乡宝"，喜欢平静，甘于淡泊。在云南，很少有人出人头地，大家都平平淡淡，但是在芸芸众生中总能够冒出几个出类拔萃的人物，他们就一定是中国不同领域里的翘楚，如书画家钱南园、音乐家聂耳、数学家熊庆来、艺术家张晓刚、文学家于坚、舞蹈家杨丽萍等。在昆明人眼里，这些人都属于"鸡㙡"。谦逊的云南人偶尔还是会骄傲地跟你讲一下他们理解的鸡㙡文化："云南这个地方大部分人都普普通通、平平常常，偶尔长两根鸡㙡出来，就很了不起了。"

清代文人田雯在《黔书》中写道："秋七月生浅草中，初奋地则如笠，渐如盖，移晷纷披如鸡羽，故名鸡，以其从土出，故曰㙡。"鸡㙡盛产于云南多个地方，在《本草纲目》《玉篇》《正字通》等典籍中均有记载。昆明周边的富民、武定、禄劝、宜良、师宗、楚雄、丽江都有很好的鸡𥻗出产。鸡𥻗一般生长在云南红土半坡针、阔叶林中，或者荒地、苞谷地中，基柄部分会与白蚁窝连在一起。有时，一个白蚁窝会长出一丛鸡𥻗，但也有一个白蚁窝就只长出一根独菌的。夏天的雨后，一出太阳，高温高湿，白蚁窝上先长出小白球菌，然后就形成了鸡𥻗。拾菌的农人对在哪里能找到鸡𥻗很有经验，他们常说，如果今年在这里拾到品相好的鸡𥻗，不动它的"鸡𥻗窝"，第二年还会长出来新的鸡𥻗。每一个拾菌者都在心底藏着几个"鸡𥻗窝"，但其实如果第二年蚂蚁搬家了，便不会再长出鸡𥻗了。更有农人神乎其神地讲，经常可以收到鸡𥻗托来的梦，得知它们在哪里，顺着找过去，果然发现有很多鸡𥻗。通常凌晨三四点钟，拾菌的农人就上山了，各自奔向自己的"菌窝子"，把尚未张开伞盖的鸡𥻗采下，在菌柄根部粘上一些红泥巴，保证鸡𥻗的新鲜，天刚蒙蒙亮，他们已经回到山下的农舍了。

云南人习惯把菌盖呈白色的鸡𥻗叫白皮鸡𥻗，黄色的叫黄皮鸡𥻗，带黑色的叫黑帽鸡𥻗，灰色的称黄草鸡𥻗，菌韬开裂、露出白色菌肉的称花皮鸡𥻗。鸡𥻗属于丛生性菌类，经常会采到数朵相连的，农人们叫窝鸡𥻗。而一个白蚁窝上只长一朵的独鸡𥻗不太常见，也是鸡𥻗中的上品了。农人有时在田间地头居然会发现十朵乃至数百朵鸡𥻗相连，这个就是云南师宗一带盛产的火把鸡𥻗或斗篷鸡𥻗。

这种菌被叫鸡𥻗确实是很形象的：把菌菇和菌柄部分竖着撕开，撕出的菌肉如同顺丝撕出来的鸡胸肉和鸡腿肉。

每年鸡𥻗刚刚上市的时候，我最喜欢去菜场买一些火把鸡𥻗回

球盖蚁巢伞
（火把鸡㙡）

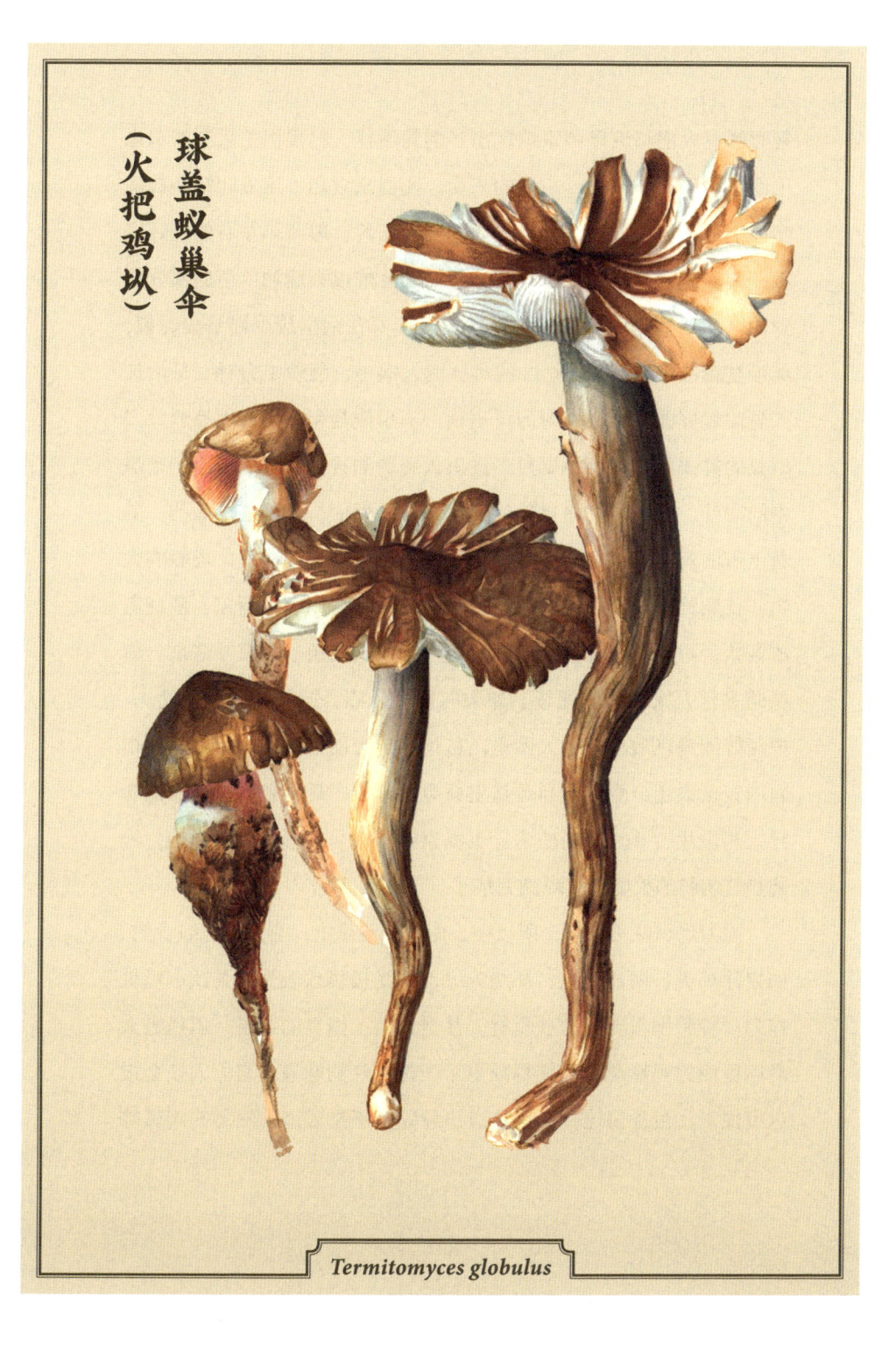

Termitomyces globulus

来尝鲜。火把鸡㙡以师宗地区出产的为最佳，村民们把采到的鸡㙡用南瓜叶包成一小捆一小捆的来卖。买回来以后，用瓜叶轻轻擦洗菌身上的红泥巴，菌盖手撕成丝，菌柄切片。取两年左右的上好宣威火腿，肥瘦各半，用刀分切，肥的部分炼成火腿油，瘦的部分放到油锅里炒制至七分干，起锅待用。接着在锅里放少许皱皮青椒，翻炒至青椒半熟，再把切好的鸡㙡倒入锅中，翻炒1分钟，最后加入先前炒好的火腿，拌匀即可出锅，不用放盐和任何其他调料。云南菜的鲜甜在这道菜中尽显。宣威火腿的油香和盐分，提出了鸡㙡中的甜味。这是一种最自然的烹饪方法，然而，却是最高级的。随着上市的鸡㙡越来越多，其价格也就降低下来。刚跳完广场舞的大妈，会顺路去菜市场买几朵比较肥硕的鸡㙡，用手把菌盖、菌柄撕成条状，再切上几片宣威火腿，烧一个汤。在菌子季节，这是一道昆明寻常人家的家常便饭。如果时间多一点，她们就会花点功夫：把撕好的鸡㙡放在一个大碗里，在鸡㙡的上面盖上一片一片肥瘦相间的宣威火腿，直接放到蒸锅里面蒸。蒸熟之后，火腿里面的油会浸入鸡㙡里，蒸汽里面的水分也凝聚到了碗里，形成鲜美的汁，一碗热气腾腾的火腿蒸鸡㙡就完成了。

　　因为鸡㙡味美无毒，所以在云南菜的酒席上，它是不能缺少的。如白汁鸡㙡、网油鸡㙡、红烧鸡㙡，都是极具代表性的菜式。鸡㙡作为一种特别重要的山珍食材，甚至进入了国宴的菜谱。但是进入酒席里面的鸡㙡总让人觉得缺少了一份自然的味道。它们大多会被过度加工，色香俱佳，但是味道已经完全不是云南人熟悉的鸡㙡味道。近年来我在一些比较"网红"的融合菜餐厅里,吃到了厨师们精心烹制、用心摆盘的鸡㙡,但是似乎都觉得无法感受到鸡㙡的那份鲜美。

旧时,昆明人只吃当天的鸡㙡,从不隔夜,没吃完或者多买的鸡㙡就会炸成油鸡㙡,用瓶或罐储藏。殷实的人家会炸很多罐,从当年吃菌季节的结束一直吃到次年吃菌季节的开始。寻常昆明人家的冰箱里面,一定会备有两瓶。鸡㙡捞饭、鸡㙡油拌面、油鸡㙡拌凉菜,是云南人祖祖辈辈传下来的吃法。

其实世界各地的老饕们认识鸡㙡,一定是从云南人永远离不开的那一瓶油鸡㙡开始的。而很多外地人初识云南的野生菌,可能也是始于云南餐厅里的那一小盘油鸡㙡。他们因为鸡㙡的美味而爱上了云南的野生菌,慢慢更爱上云南的山山水水,爱上云南与世无争、慢慢悠悠的生活方式,最后选择生活在云南,这何尝不是一种菌"中毒"的结果呢?

我有一个好友冯樱,是我知道的理解油鸡㙡段位最高的人。她年轻时很能干,早早就能完全自主把控自己的生活节奏了,把家搬到了昆明城乡结合的山林间,养了一双女儿,天天都是面朝森林、春暖花开的生活。每年一到鸡㙡产出的这个时候,她就会格外忙碌。她能够区分得出富民的黑帽鸡㙡与宜良的黑帽鸡㙡有什么不同,也可以道出从大理凤仪和丽江永胜运来的鸡㙡因为路途产生的影响,所以对鸡㙡的出产地要求异常严格。

到了炸油鸡㙡的日子,她头一天就会去联系楚雄州的罗茨片区拾菌的农人们。她会指定自己需要哪一座山的菌，拾菌的农人一般凌晨三四点钟就会上山去，找到有鸡㙡的那个地方，然后用手机发定位和照片给她。冯樱通常指定要一个白蚁窝只长一朵的黑帽独鸡㙡，这样的鸡㙡质量最佳，有的菌柄部分有小孩子的胳膊那么粗，煞是喜人。天刚亮，拾到的鸡㙡就会集中到当地的菌老板手里，菌老板一般会配上当地的花椒和花椒叶，一个半小时后，鸡㙡就送到了昆明。冯缨和她的工人在入城的路口接到这些山货就赶快回到家里准备，因为鸡㙡是不能泡水的，只能拿在水龙头下，一根一根冲洗，然后自然晾干。这要花去他们差不多一上午的时间，完全洗好时已经接近中午了。这时，院内柴火灶里的火苗已经熊熊升妥，她要开始烹制油鸡㙡了。

首先需要在锅里炼油。每年她都订好菜籽油——从罗平一个专门种油菜的村子里的熟悉人家。柴火生火，把一锅油烧热、炼熟的过程会比较缓慢，冯樱会先一次性把所需的油都炼熟。往锅里倒入4公斤的菜籽油慢炼，当这一锅炼熟之后，她会把当中的2公斤从锅里打出来，晾在一边，让它变成冷油，为炸第二锅备用。等锅里的那差不多2公斤油温度稍微凉下来一些后，就放入10公斤的鸡㙡，稍后往里面加入丘北辣椒、盐和花椒，除此之外不放任何其他香料和调料。大约4个小时以后，第一锅鸡㙡就新鲜出炉了，这10公斤的鸡㙡和2公斤的菜籽油经过4个小时的亲密煎熬，只得出5公斤左右的成品，所以真正品质好的油鸡㙡一定不可能便宜。第二锅开始，油烧热后，为了放入锅中的鸡㙡不会被高温热油迅速炸干，刚才炼好凉在一边的冷油在鸡㙡下锅之前一定要再加两瓢，把油温降到特别适合让鸡㙡入油的温度，方能让鸡㙡和菜籽油完美结合，烹制出一瓶最完美的油鸡㙡。当最后一锅油鸡㙡烹炸出锅，月亮已经挂在半空中了。

  每当这个时候，冯樱觉得浑身上下连毛孔里面都透着鸡㙡的香味。她喜欢在微信上分享油鸡㙡的烹制过程，朋友们只要一看到她开始炸油鸡㙡哩，立马就驱车来她家，守在锅边，眼巴巴地望着每一年为数不多的几朵骨朵，这是油鸡㙡里最高级的部分。大家每年都要把她当年的油鸡㙡瓜分掉很多，让她收一些成本，但还是入不敷出，屡屡亏本。但是每年一到鸡㙡上市的季节，她又热情万丈地开始张罗起来了。她用做事业的专业态度，进行这一项她热爱但亏本的油鸡㙡生意，权当是一年一度给朋友们的福利了。冯樱的油鸡㙡生活，其实也是吃菌"中毒"的昆明人生活的一种代表。

松茸

Tricholoma matsutake

松茸

从前，昆明人认为，菌子当中最为尊贵鲜美的，一定非鸡㙡莫属。拾菌的山民们常常想把形状和味道与之接近的菌子混到鸡㙡这个门类里面来，松茸就是其中的一种。松茸的形状和色彩都跟鸡㙡有几分相似。松茸散发出来的气味很特别，有一股奇怪的腥味，据说日本人认为，这是人体分泌荷尔蒙时的味道。那时云南人则认为，松茸除了形状有几分像鸡㙡，味道并不怎么样，所以就称松茸为"臭鸡㙡"。很长一段时间里，松茸在云南是一种大家不以为然的菌类。20世纪80年代末的一天，昆明人突然在昆明巫家坝机场发现，有美军的飞机再次降落。这次来的不是帮助昆明打日本人的美军战机，而是来自美军驻日本基地的"大力神"运输机；这次也不是来运送抗战物资，而是一箱一箱带着冰袋的松茸被装上"大力神"运输机运往日本。当然，这个美军运输机包机运松茸是干私活还是怎么回事，不得而知，只知道他们后来还飞来运过兰花呢。

据说广岛和长崎的原子弹爆炸之后，只有两种生物存活：一个是蟑螂，另一个就是松茸。所以，日本人战后就开始迷恋起松茸这个物产了。昆明人很纳闷：为什么自己特别看不上的这个"臭鸡㙡"，摇身一变成了出口创汇的香饽饽？做外贸的进出口公司，虽然不太理解，但是为了出口创汇，他们也学着按照日本人的要求，把松茸分级，并制作冰袋，隔层包装，最后用白色泡沫箱密闭。这样包装后的产品通过卫生检疫后，就可以发往日本。但是昆明人还是觉得松茸没有什么特别的，很少有人会买回去吃。由于近年来价格越来越贵，很多应酬饭局上都开始出现松茸这种菌了。更重要的是，一些能够体会到松茸本质的烹饪方法慢慢传到了昆明人家，待他们细细品味之后，对食材和口味比较固执的昆明人也渐渐接受了他们从前认为的臭鸡㙡——松茸。新一代的昆明人没有对那些饮食的记忆，一来便很接受这种云南最国际化的菌子。

热衷吃菌的昆明人把各种菌子吃得差不多的时候，松茸就上市了。从每年的8月开始，一直到10月底，是松茸丰收的季节。松茸生长在松林、针阔叶混交林之中。菌身基本呈白色，菌盖直径一般在5~20厘米，扁半球状，呈褐色。松茸肥厚，菌柄部分比较粗壮，长度一般在6~14厘米，菌盖表面和部分菌柄上会有褐色纤毛状鳞片。因为松茸生长在松林中，菌蕾又如鹿茸一般，故名松茸。宋代唐慎微的《经史证类备急本草》、陈仁玉的《菌谱》和明代李时珍的《本草纲目》等古籍中均有记载。昆明周边及楚雄、大理等地区都有松茸出产，但最为著名的还是香格里拉出产的松茸。据考证，松茸其实在亚洲、非洲、欧洲、美洲都有出产，而亚洲的松茸是世界上品质最好的。亚洲出产的松茸分为三大系列：以中国吉林、台湾，朝鲜和日本为出产地的为日本系；以西藏，四川甘孜、阿坝一带为出产地的为川藏系；最著名的还是云南的香格里拉系，中国境内，香格里拉出产的松茸品质最佳、数量最多。

原始森林中的松茸，对生长环境的要求特别苛刻，完全不能有任何污染，一旦有污染或者人为影响，一定不会再有松茸长出。松茸的生长过程极为缓慢，一般需要差不多6年的时间。松茸的生长方式是特别智慧的：松茸的孢子通常会跟松树的树根相结合，形成一种共生关系。松茸孢子寻找到树龄大到能够形成菌丝组织的树根，并且吸收一些柏树、栎树等阔叶林树种带给它的其他营养，才能在泥土下面长出松茸的子实体。这也是我们经常发现松茸并不是在松树下面的原因。松茸的子实体从出土到成熟，一般是7天时间，子实体成熟48小时后，如果没有被采摘，就会迅速衰老，然后把体内的营养反哺给松树的根系和土壤。你吃到的每一朵松茸都经过了6年的孕育生长，实在是不容易，这样看来松茸价格昂贵也是值得的。

松茸除了美妙的口感和浓郁的香味，还具有很高的药用价值，富含野生菌中常见的蛋白质、脂肪、氨基酸，以及钙、磷、铁等无机盐和水溶性维生素。松茸中还含有双链松茸多糖，具有抗肿瘤活性，能够提高人体免疫力，具有抗肿瘤、抗病毒、抗糖尿病、抗炎症的功效。民间所谓的有人体分泌荷尔蒙时的味道，其实更多的是根据松茸的形状与男性生殖器官有些相似而产生的联想。松茸是否有壮阳补肾的作用，可能就是仁者见仁的事情，尚未经科学考证。

由于日本人对松茸的痴迷，现在很多松茸的烹饪方法都与日式料理的烹饪手法有关。大多是用松茸来蒸蛋，或者煲汤，还有就是选用比较新鲜的松茸竖向切片，保留松茸的完整形象，做松茸刺身，蘸酱油和芥末食用。最后一种吃法能够比较原汁原味地感受松茸的风味。

喜欢西餐的食客也可以将松茸切片，在烤盘上铺锡纸并刷上黄油，将切好的松茸片平铺，表面再铺锡纸，上下卷起来，让锡纸形成一个盒子，放入200摄氏度左右预热好的烤箱烤10~15分钟，取出来打开锡纸上盖，然后继续放入烤箱收干水分，再取出来撒上少许现磨海盐即可食用。喜欢嫩鲜口味的，也可不收干水分就食用。

我个人比较喜欢的一种日式吃法，是在日本生活了很多年的朋友吴志刚教会我的一种烹饪方式：用日料中寿喜烧火锅的做法来烹饪松茸。先将稍微冷冻过的牛肉尽可能切薄片，铺排在大盘子上冷藏。再把洋葱切块，大葱切段，松茸切片备用。取白菜心撕成适口的小块，豆腐切成1厘米厚的片状，将全部切好的蔬菜、豆腐块、牛肉片一起整齐铺排在大盘子上。本来需要准备日式寿喜烧面条，但是在昆明，这道改良的寿喜烧主要是吃松茸，所以就免了面条，而是以松茸代之。酱油、牛肉高汤、清酒、味淋和白砂糖搅拌均匀作为酱汁待用。食用前将平底锅加热，在锅底刷上一层黄油，当加热到高温时放入部分洋葱块、大葱、松茸片、大白菜和豆腐块，快炒约2分钟，并不时地晃动锅底，轻轻翻动食材，淋入适量酱汁。要注意尽量让每一种材料分开拌炒。将部分牛肉片逐片平放在锅里，每一面煎30秒钟（注意时间，不要煎老！）。淋少许酱汁在肉片上，翻面让肉片吸收酱汁，再煎30秒钟，到肉片呈褐色。调小火，将所有的材料拌炒码放整齐，接着淋入适量酱汁，就可以上桌食用了。边吃边加松茸，十分过瘾。这是一种比较豪迈的吃法，比较适合在云南，松茸的产地。在日本，人们都特别尊重食材，也许会觉得这种吃法有些粗野吧。我曾经在昆明宴请过一位日本朋友在家里吃这种松茸寿喜烧，她说她觉得这一辈子吃的松茸加起来都没有这一顿吃的那么多，以至于好多年后我们在福冈见面时，她还念念不忘。

香格里拉藏族人吃松茸的方法，我觉得是品味松茸最完美的一种，也是我的好朋友马寿俊当年教给我的一种当地吃法。马寿俊在家中排行老三，我们又叫他马三。马三是我高中的同学，藏族人。他的爷爷马铸才是当年茶马古道上富甲一方的大户。马铸才出生于建塘古镇，15岁的时候到建塘的"公鹤昌"商号做伙计，因为特别聪明又吃苦耐劳，后来受到老板重用，当起了马锅头，专门往返于鹤庆和拉萨之间的茶马古道，做马帮贩运。后来马铸才创建了自己的铸记商号，由于精明能干，苦心经营，他很快成了茶马古道上的富贾，他的铸记商号也在茶马古道上开设了很多分店。1921年，马铸才定居印度的噶伦堡。虽然身居国外，但是他一直心系故乡，对祖国的文化教育、社会福利事业做了很多贡献。抗战爆发后，他呼吁组织旅居国外的华侨同胞，为国家捐献了一架飞机，还曾经受到周恩来总理的接见，被总理称为爱国爱乡的华侨代表。他还在茶马古道沿线修路建桥，兴办实业，捐助办学，大力发展民族经济。1959年中印关系恶化后，马铸才受到印度方面的迫害，于1962年回到祖国的怀抱。马寿俊是马铸才最小的孙子。马铸才的儿子，也就是马寿俊的父亲，后来加入了中国人民解放军，成了一名军医，马寿俊就出生在这样的家庭。但是说来奇怪，他却不太像一个军人家庭出生的孩子，反倒还真有几分藏族贵族家庭的风范，尤其在饮食方面。有时候我们去吃一碗面，他一定要求店老板把面条做得清清爽爽，面条是面条，排骨是排骨，葱是葱，调料是调料，分得清清楚楚。那个时候的中学生认为，用一个搪瓷口缸把面条、肉帽、葱花、热汤全部装在一起，呼噜呼噜地送到胃里，就是最舒服的了，所以我觉得他够挑剔的。从前昆明人很少喝红茶，大部分人家都是喝绿茶。但是每次在他家喝的茶都是红茶，而且一定有茶点相伴，哪怕是一个烧饵块。那个时候，我们都觉得他很烦，觉得他怎么有几分像鲁迅笔下的"孔乙己"，长大了，才知道这些讲究是人家的一种家传。马寿俊是一个懂得食物、尊重食物的人。跟他一起成长的岁月里，我学会了严格遵循每一道菜的烹饪顺序，学会了如何去尊重每一种不同的食材。

马三教我的这种香格里拉传统吃法，就是用香格里拉维西的黑陶土锅，用4~5个小时炖一锅当地的走地鸡，蒸一碗肥瘦相间的藏香猪腊肉。藏香猪是放养在山上的一种体型较小的猪，吃虫草和菌子长大，肉奇香。大家围坐在火炉旁边，把松茸切片，放入牛奶一般的鸡汤中。在火炉里烤焦几个当地特有的枇杷辣,用手搓碎,加入胡椒盐,舀一点汤汁做成蘸水。在高寒的香格里拉,有那么一锅热气腾腾的松茸鸡汤,配一碗米饭和一块藏香猪老腊肉,黑陶土锅和米饭冒出的蒸气跟自己呼出的热气混合在一起,忽然觉得人生其实很简单,并不一定有那么多的需求。这种感受竟然是来自一锅松茸的启发。

十几年前,在重庆的一次车祸中,马三不幸英年早逝。我从此失去了一个有趣的挚友。每次在香格里拉吃松茸鸡汤的时候,就一定会想起他来,赘述这段文字,是为纪念。

印度块菌（松露）

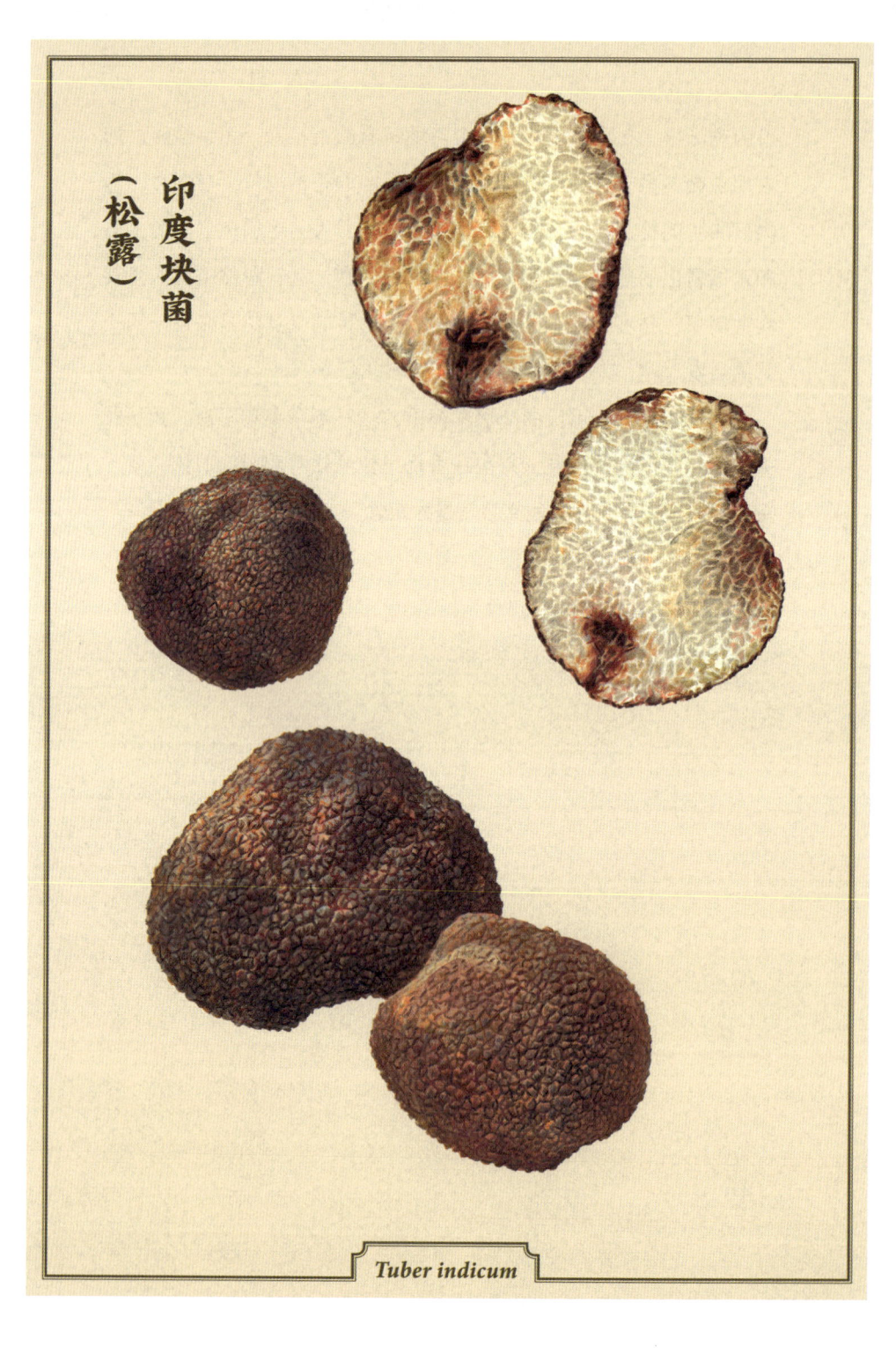

Tuber indicum

松露

松露与鱼子酱、鹅肝并属西餐三大顶级食材，受到世界各地的老饕的青睐，但是云南人不以为然。

初入冬，一年蘑菇季刚结束的时候，昆明人有围炉夜话的传统。在炉子边上烤几个洋芋，烤几个饵块，喝上两杯泡了许久的块菌酒，这是云南人迎接冬天最惬意的方式。用块菌泡酒是云南比较传统的泡酒方法，直到近二三十年我才知道，这个泡酒的块菌就是云南最国际化、最"高大上"的食材——松露。20世纪90年代后期，随着西餐逐渐被中国人接受，松露才开始被中国人所认知，进入中国人的餐桌。

在云南，松露都是用那个尽人皆知的、听起来有点土的名字——猪拱菌。云南的松露主要出产于永仁、贡山、丽江、东川等地，黑松露、白松露均有出产。大的如核桃般大，小的有滇橄榄那么小，更小的只有花生米的大小。黑松露成熟时表面为黑色、棕灰色，切面呈褐色。白松露则整体颜色为灰白色。在云南的彝族聚居区，人们习惯用祖传的方式，即用母猪来寻找猪拱菌。在彝族人的民族传说中，祖先打猎跟踪野猪的时候，发现野猪一从树根里拱出颜色漆黑的球状物，就会哼哼唧唧地吃掉，所以就把这种菌称为猪拱菌。狩猎的猎人发现，吃了这个东西的野猪跑得很快，狩不到野猪的时候，不得不刨野猪拱过的地方找那些漆黑的球状物吃，结果发现这漆黑的球状物不仅能填饱肚子，还能增强体力，提高性能力。一直到20世纪90年代人们才明白，猪拱菌就是西餐里面的松露，是世界上最名贵的食用菌之一。听闻其他国家也有用动物寻找松露的类似方法：法国人也一直用母猪来寻找，而意大利人更喜欢用训练有素的雌性猎犬来寻找白松露。

松露是一种西方人喜爱的传统食品，黑松露主要产于法国南部的普罗旺斯地区，白松露主要在意大利和巴尔干半岛上出产。中西方对于松露这种自然食材的嗅觉、味觉上的理解还是有些差异的，因为松露主要是西餐厨师烹饪的西式伙食，所以在云南，食用松露的人不多，烹饪方式也有一定局限性。很多中餐厨师尝试用各种中式方法来烹饪松露，有用油煎的，也有拿来炖鸡的，还有厨师把松露剁碎了，做成松露蒸肉饼。但是在中餐里面，确实没有什么让人惊艳的做法。所以，一提到松露，记忆就与西餐绑定了。

我个人更喜欢西式烹饪里使用松露的那种尺度，无论是撒在意大利宽面条上，还是用在牛排的浇汁里，都一定能让你体会到来自森林地下的悠长芬芳。

作为云南人的我第一次品尝松露却是在距云南万里之遥的意大利。十多年前结束了在威尼斯的一段短暂工作，于是我和张晓刚、吕澎、冷林一道从威尼斯飞到那不勒斯，然后在异常曲折的山路上驱车两小时，来到西方人认为一生必来一次的阿玛菲休假。定了漂亮的海景酒店房间，一开始大家都被美景所震撼。之后几天觉得每天醒来，看见的就只是海平面一条线，纵然美丽，却也无聊。于是每天步行去阿玛菲古城中心小广场画上几笔写生，在咖啡馆里安静地写作，夕阳里的一餐美食，就成了那些日子大家的惦记了。张晓刚后来留下了一组阿玛菲写生，吕澎写出了《从疯人院到阿玛菲》一书，我和冷林则寻找不同的餐厅，去悉心体会在意大利面上和意大利米饭当中黑松露的不同。尽管不是最好的松露季节，却也有了不少心得，竟开始有点迷恋松露的那种森林和泥土混合出来的、近乎某种香水的特殊气味了。

松露这种美食的体验，也与西餐在中国的复兴和发展息息相关。清朝光绪年间在上海福州路上出现了中国第一家西餐厅"一品香"。在20世纪50年代以前，在上海、北京、天津等西方人集中的地区，西餐厅主要以经营欧美风味的菜品为主。1950年以后，因为中苏关系，西餐厅就转而烹制俄罗斯口味的菜品。北京的"莫斯科餐厅"引发了那个时代多少青年的无限遐想。连上海的老字号"红房子"西餐厅都调整口味，偏向了"俄味"。改革开放后，大量国际品牌酒店进入中国，才真正把西餐推广到了日常。

小时候看外国电影，觉得吃西餐是一件很讲究的事情。我小时候的一个朋友的爷爷曾经为滇越铁路昆明站的法国站长服务，他经常回忆起站长家每一次家宴时都要洗餐具到半夜。我们很难想象在家里吃顿饭要用到那么多杯盘碗盏，因为那时我们的家庭即便是过年过节，也不过几个大碗而已，所以一直觉得吃西式伙食还是有些腔调的。稍微长大一点，昆明金碧路上一家从前越侨开的老字号咖啡馆南来盛满足了少年时的我们对西餐的想象。南来盛是昆明最早的外国餐馆之一，由越南女老板阮民宣于20世纪30年代在昆明金碧路开设，据说这里是民国时昆明人的社交场所。越南国父胡志明曾经在这里做面包师并从事地下工作。西南联大时期，很多知识分子也是南来盛的常客，沈从文还特别在这里宴请胡适。驻扎在昆明的飞虎队官兵也会来喝杯咖啡，吃个面包，解解乡愁。等我知道南来盛的时候，已经是20世纪70年代初了。每次走金碧路一过得胜桥就会闻到一股酸酸的烤面包味。走到门口，往狭长的店面里一探头，一二十个脑袋齐刷刷转过来看着你，仿佛你打扰了他们的生活。这些人都是昆明人称为"玩友"的人，有点像上海人称为"老克勒"的那一类人。每天南来盛一开门，他们就像上班一样准时，坐下来点上一杯咖啡。因为物资供应的问题，咖啡只能用上海出产的光明牌咖啡粉，倒一口袋在一个巨大的铝锅中，用一个长把的瓢边煮边搅。如果要一杯咖啡，一脸油腻、嘴上叼着一支春城牌香烟的大姐就会用瓢搅两下，连煮好的咖啡带沉淀下去的粉，舀一瓢起来，倒在一个细高的白瓷杯子里面，然后再放进一支筷子，方便边喝边搅。硬

◆ 金碧路南来盛咖啡馆，1996年，云南昆明，刘建华摄

松露

壳面包是越南面包师传下来的法式面包做法，几乎没有油脂和牛奶、糖等添加物，只是有一点点盐。当时，一个越南面包只需要九分钱。面包烤得实在是太硬了，我第一次吃，足足吃了一个下午。常客们就这样一杯咖啡、一个硬壳面包就能慢慢坐上一天。当然，南来盛在中午也会接地气地卖米线、面条。一杯咖啡一毛五，一个面包九分钱，再加一碗面一毛二，三毛六分钱就能解决他们在那个时代的幸福生活。每次路过，都特别想进去坐下，买一杯咖啡，像玩友们一样搅一搅，但每次他们咄咄逼人的目光都让我觉得自己误入了别人的领地，只好在门口买上一个硬壳面包慢慢嚼着，踩着金碧路上法国梧桐的落叶，想象并体会一下遥远西方的伙食应该是什么样。

那个时候，昆明只有两个涉外宾馆，一个是昆明饭店，另一个是翠湖宾馆。昆明饭店当时叫国际旅行社，是一栋修建成苏联风格的建筑，内部地面都是云南大理石铺的，十分高级。翠湖宾馆在翠湖公园一隅，深宅大院，感觉离我们日常生活很远，也许里面也有西餐厅，但是完全不了解。等到第一次真正的正襟危坐地吃西餐的时候，已经是我22岁的时候了。1987年冬天坐在北京长城饭店的丝绸之路西餐厅里，我稍有局促又故作镇静地摆弄着刀叉，但是中国传统肠胃并不适应西式餐食的酸碱平衡。吃完一顿昂贵的西餐后，第一时间跑回校尉胡同，周伟那时是中央美院学生会主席，有一个自己办公的小地方，于是路上经过教授们的家门口时，随手顺上一颗美院先生们越冬的大白菜，再到周伟的"一亩三分地"吃一顿涮羊肉，才让自己的肠胃回到了人间。当然，请我吃大餐的外国朋友气得几乎要与我断交了。也就是那年冬天,肯德基第一次进入中国,我至今还记得门口的人山人海。事实上,从那个时候开始,西餐才开始进入中国人的日常生活。现在的孩子从生下来就开始与西式食品亲密接触,所以对于西餐,无论正餐、快餐都能一应接受。经过30年的发展,我们这一辈人似乎接受了西餐的酸碱平衡,肠胃功能也越来越好了。去年夏天去欧洲巴尔干半岛旅行,历时一个月,我只吃了两顿中餐,居然也没觉得有太多不适。其实在国外旅行,只要带上一块普洱茶,饭后喝上几口,既解腻又消食。当然,意大利面上撒松露始终还是我喜欢的。

橙红乳菇（谷熟菌）

Lactarius akahatus

谷熟菌

小时候比较开心的时候就是谷子开始发黄的季节，那时是8月，只有一个月的暑假了。这一个月可以放肆地疯玩。我们身边的同学都是铁路系统的子弟，所以一到暑假，孩子们就相约偷偷蹭火车去昆明10多公里以外的"牛街庄"站。去那里就是惦记着两件事情：一件是去步兵学校的打靶场捡子弹壳，另外一件事就是在靶场边的山上捡菌。在那一片山上，每次捡到最多的就是谷熟菌。捡回来的谷熟菌，奶奶随随便便就能炒出一大碗。"抓革命，促生产"的父母完全无暇来管孩子，只是在晚饭的桌子上看到有一碗可口的谷熟菌，就觉得有些奇怪。奶奶总是要编一些说法掩护着我瞒天过海，从不告诉父母我们又去了步校靶场，因为父母总是觉得那里是特别危险的地方，从来不让我去疯玩。

谷熟菌学名松乳菇，又称谷黄菌。有一些产区的谷熟菌颜色偏深，类似铜器上的铜锈绿色，所以也被称为"铜绿菌"。这种菌多生长在松树林、冬瓜树等阔叶林地上，一般生长期为每年8—11月的秋收时期。谷熟菌的菌盖直径一般在4~15厘米，呈扁半球形，边缘最初内卷，后平展，花纹酷似松树的年轮。它的菌肉初带白色，后变胡萝卜色；菌褶明显比菌盖色深，伤后或老后变绿色；菌柄近似圆柱形，并向基部渐细，颜色与菌褶相同或更浅。

昆明人烹饪谷熟菌的方法很多，最常见的方法与烹炒其他菌的家常做法一样，用青辣椒、蒜片爆炒出汁即可食用。有一些比较讲究的厨师会做一些颇费功夫的谷熟菌菜式，如谷熟菌氽豆腐，还是有一些新意的。菌火锅里，谷熟菌也是一个不可缺少的角色。我自己比较喜欢的一种做法是：先将锅中加入植物油、动物油各半，将肉末炒至臊子状，放入皱皮青红辣椒末和蒜片炒香，把谷熟菌掰成碎片加入锅中，直至炒出汁水，待汁水微微收干起锅，就可用来佐饭和拌面了。

现在生活在云南红河的罗旭每次在炒谷熟菌起锅的时候，都会突然很随意地抓上一把韭菜撒进去，略微炒上几秒，口味顿时很不一般了。当然，罗旭的这种随意，让一道传统的云南菜增加了几分艺术色彩。很多人认识罗旭都是从吃他做的菜开始。

我们都戏称罗旭"罗大爹"，媒体称他为云南的高迪，他设计修建的蘑菇形状的昆明土著巢和弥勒东风韵建筑群，甚至得到了建筑界有"毒舌"之称的清华教授周榕的肯定。他应该是云南唯一一个把建筑修建成仿佛长在红土地上的蘑菇的建筑师。

罗大爹生长在云南红河弥勒，自幼热爱艺术，上了一个半月的绘画速成班后，就来到红河州建水陶瓷厂工作。在陶瓷厂工作期间，他更多的时间却热衷于涂涂画画，或者拿一坨泥捏一堆小公鸡、小山羊、小牛小马，烧出来自娱自乐。后来陶瓷厂倒闭了，罗旭就去建筑工地上做了一名建筑工人，罗旭如今对建筑艺术的心得应该跟当年的这段经历多少有些关系吧。

他偶然受到考上艺术学院的初中同学的刺激，也去考了两三年艺术学院，未果。恰好县文化馆招美工，动手能力强又有一些美术基础的罗大爹就成了文化馆的工作人员。在文化馆工作期间，领导们还推荐他去了北京中央美术学院，在著名雕塑家钱绍武先生开办的城市雕塑培训班进修。这次学习也是罗大爹最系统和科班的一次学习，自此以后，他基本上就一路"野蛮生长"了。

罗大爹回到云南后，意气风发，感觉要在改革开放的大潮中，做出一番艺术伟业。于是，他筹划要建立个人工作室，"一个能把自己围住的地方"。他在昆明近郊的小石坝租下一块地，凭着当年在建筑工地上学到的一些建筑常识，以及在城市雕塑培训班学到的关于雕塑外形和体积的训练手法，就开始在这几亩荒郊野外的土地上设计房子了。画了一堆草图，都觉得没有感觉，不甚满意。八九岁的儿子在旁边捣乱，往爸爸的这些草图上涂鸦，画出了一些蘑菇形状的房子，罗旭一看，这不就是自己想要的那个"能把自己围住的地方"吗？于是，罗旭拿着一根竹竿和儿子画的一张涂鸦草图，在地上画出形状，指挥一百多个工人按当年砌砖窑的方式，只用本地的

◆ 罗旭设计的东风韵建筑群，2019年，云南弥勒，欧阳鹤立摄

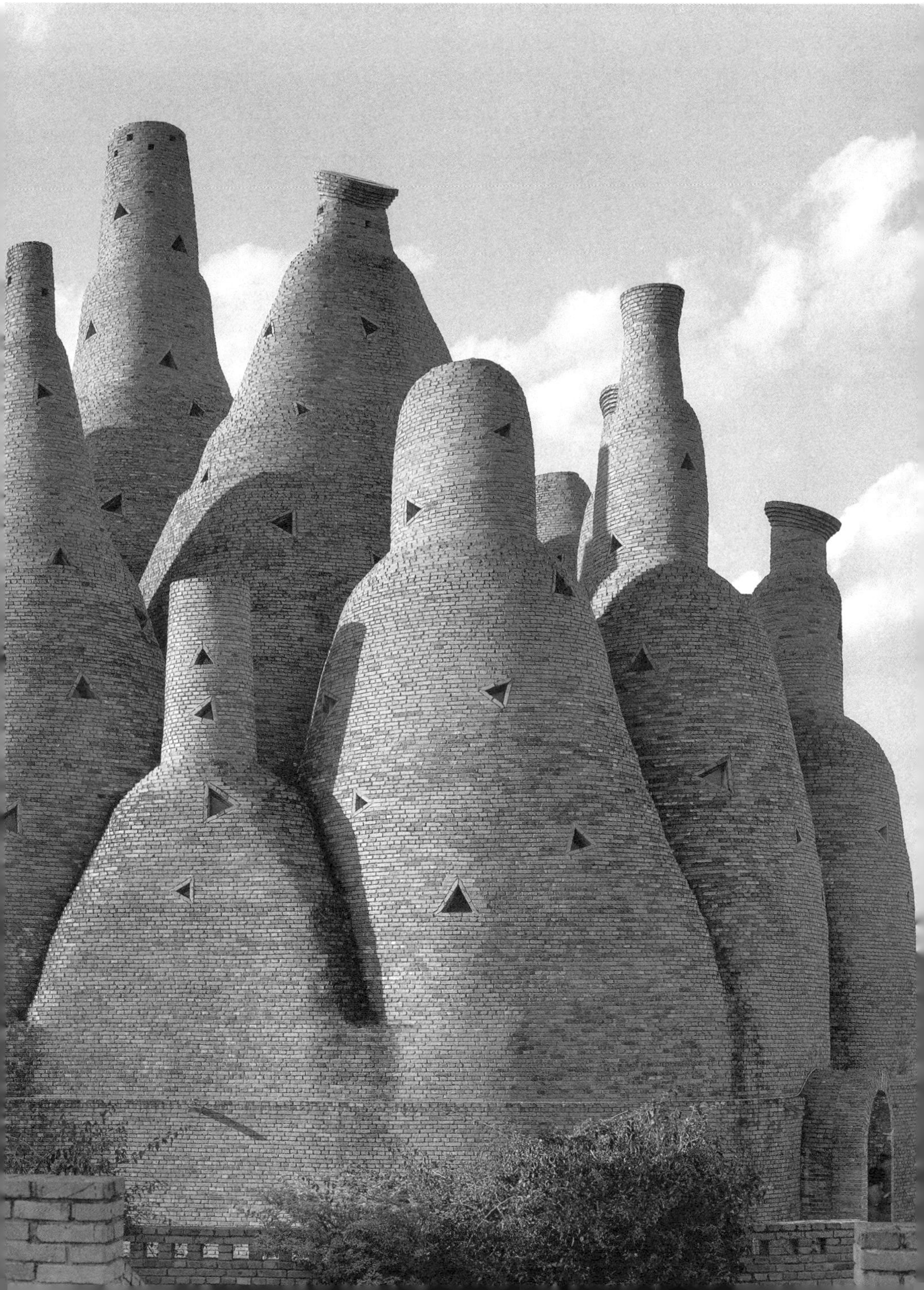

红砖，不画图纸，没有计算，没有钢结构，盖起来一堆蘑菇形状的奇怪建筑，起名"土著巢"。

我认为罗旭的土著巢其实就是一个菌中毒后产生灵感的作品。这一堆堆长在红土地上的菌子状的建筑，形成了一个巢穴所在，巢里面有美术馆、音乐厅、花园、餐厅等，还有罗大爹的董事长办公室，开始了他的一段艺术改变生活的乌托邦生涯。罗大爹还专门写了一副对联："吃，吃什么？吃文化！看，看什么？看艺术！"餐厅里收留了一班少数民族兄弟姐妹，在这里歌舞伴餐，虽然饭菜很好吃，最终还是整体经营不善，草草终止了他的商业帮扶艺术的梦想。土著巢又重新成为罗大爹的个人工作室。那段时间在工作室陪伴罗大爹的是他视为儿子的一头驴，他还给它起了个名字叫罗辉。那段时间也是他艺术创作的高峰期，他用土陶材料创作了《懂事会》《合唱团》等代表作品。

那段时间我们常常去罗大爹的土著巢，打着去看他的创作的幌子，其实目的是蹭饭。他通常在自家地里薅两把蔬菜，顺手抓只土鸡，大家的胃立刻就被他安抚得舒舒服服。他最喜欢买上一些诸如谷熟菌这类被云南人视为最普通的杂菌，用他的独特烹饪方法，给大家带来惊喜和享受。有一段时间，我们把土著巢当作自己的客厅，远方客人莅滇，如能在土著巢喝一顿大酒，一定永不忘怀。云南的老朋友互相串门，总是很随性，想起来就去讨一杯茶喝，都懒得事先打个电话。所以这样的临时造访，可能就会与李安、崔健、杨丽萍等等文化名人不期而遇，巩俐和孙红雷主演的《周渔的火车》也曾在这里取景拍摄。

客厅的"厅长"做长了，罗大爹又觉得无聊了。老家弥勒的一个老板想在家乡做个文旅小镇，罗大爹天马行空的想法竟然说服了他。于是罗大爹又跑回弥勒老家，在从前的东风劳改农场旁边的长塘子边上，继续手中拿一根竹竿，带一只土狗，在地上指指画画，指挥工人们又盖起了一个气势比土著巢还雄伟、规模比土著巢更为宏大的文旅小镇——东风韵。

东风韵小镇有比昆明土著巢更为舒适的生态环境，罗大爹设计建造的建筑与当地丰富的地貌植被相结合。他用做雕塑的手法来做建筑，仔细研究这些建筑的形状和表面肌理，选用他较为熟悉的红砖材料，运用他得心应手的建筑语言方式，在红土和灰绿色的桉树之间，构筑了一个魔幻又亲切的小镇。这里，有回声迥异的音乐厅，有在地历史博物馆，有著名艺术家的工作室，有包豪斯风格印章的市集，有精致的设计酒店。随着媒体的曝光宣传，东风韵已经成为弥勒的旅游热点。罗大爹设计的东风韵中的半朵云艺术家会客厅这一建筑获得2021年德国红点奖。他设计的东风韵美景阁酒店，也斩获了国内外多项设计大奖。

正当大家以为罗大爹会在家乡颐养天年之际，他又拿着他的那根竹竿，趿着一双人字拖，回到他刚参加工作时的陶瓷厂所在地——文化名城建水，开始构筑新的艺术梦想。罗大爹在他年轻时工作的单位旁边，寻到一块土地，继续拿着竹竿指指点点。几年后，应罗大爹之邀来到建水，一组与他之前的土著巢和东风韵风格大为不同的建筑已然矗立起来。这一次，罗大爹运用当地的一种空心砖，构造出一个同样具有乌托邦气质的蚂蚁工坊，取名蚁工坊。他说："从前盖的房子是像菌一样呢，现在就盖个像鸡坳下面的蚂蚁巢的房子。"罗大爹是属于被云南人称为"鸡坳"的那种人，总是可以做出一些让人觉得匪夷所思的艺术创作。他在做建筑的同时，还创作了大量的油画、水墨及陶瓷作品，我们常常感叹，罗大爹的创造力太过强大。

罗大爹平时永远穿一套蓝色粗麻衣，衣服是对襟的，裤子的裆永远在膝盖位置。无论春夏秋冬，都是一双人字拖，无非冬天加双袜子。有时候我都会想，罗旭难道只有一套衣服？因为无论是日常生活还是世界各地展览开幕式等重要场合，他都是这身穿着。其实他是很讲究自己的形象的，他每一次做很多套一模一样的衣裤。平时在工地看到的罗大爹大部分时间都裸着上半身，露出黝黑的皮肤和胸前的一排排骨，一双狡黠的小眼睛在阳光下面竟尤其闪亮。

罗旭绝对是最具云南乡土气质的美食家。他理解的美食，必须是从小吃到大的传统食材。为了吃一口自己喜欢吃的冲菜，即使饭点到了，他也要驱车两百公里赶回家，亲自用各种佐料拌出来吃了，方心满意足，绝对不将就。为此，他会缩短云南以外地方的出差时间，就是因为饮食上的诸多不适。国外展览的开幕式推了很多，其实理由只有一个：他就是不习惯吃西餐，吃了超过两顿就要发脾气了。

我最喜欢跟在罗旭后面到他的厨房，看他用像农家大铁锅的炊具做拿手的黄焖鸡。罗旭的豆焖饭也是闻名遐迩的，他会选择特别新鲜的蚕豆，连豆荚一起，加上上好的云腿或者是自家老腊肉焖在一起，配上罗大爹绝配的油炸杂菌、凉拌莴笋，让多少尝尽天下美食的老饕流连忘返。为了吃一碗他的羊肉汤，老友封新城宁愿更改行程机票。甚至在外地展览的开幕晚宴上，他都数次被要求在展厅做一桌酒席，以满足那些名为参加他的展览开幕式，实际是来蹭一口心心念念的罗氏伙食的朋友。

我想到生活在纽约和清迈的泰国当代艺术家里克力·提拉瓦尼的作品就是把观众集中到一起。里克力认为，art is what you eat（艺术就是你吃的东西）。他为参观的观众准备泰式咖喱，人们在展厅小坐、聊天、相聚。在随后的实践中，这位艺术家在世界各地复制了这种形式，有一段时间，他称自己是做饭的泰国人。他的展览形式也通常是通过做一顿饭来与观看者交流和互动，让观众理解和体会他的艺术。罗旭其实更早就在践行这个方式，只是没有提炼和上升到更概念化的艺术高度。这跟云南人的习气有关，他更希望自己是一个自在随性的"抠脚大叔"，而不需要去考虑那么多累人的思想。

罗旭特别像云南人说的"菌中毒"的人，你永远不知道他炒的谷熟菌会不会和上次一样，因为他总是会突发奇想，往里面加一把韭菜或是腌菜，就如同你永远不知道他的下一个建筑作品会给你带来什么样的惊艳。

香肉齿菌
（黑虎掌菌）

Sarcodon aspratus

虎掌菌

并非所有可食用的野生菌云南人都认识和吃过,虎掌菌就是不常为大家熟识的一种。因为虎掌菌只有在高山悬崖的草木深处才能拾到,大家会认为这是一种稀有的野生菌,且产量有限。它并不是百姓日常的食材,而是历朝历代的皇家贡品。小时候常听老人说,虎掌菌有一种特殊的香味,特别像一种用很多香料腌制的肉脯散发出来的香味,即便是晒干的干虎掌菌,香味也很浓郁。在家里厨房放一些干虎掌菌,厨房里一直会有幽幽的菌香;在米里放一点干虎掌菌,还能防止大米生虫。而且有的老人可以根据家中存放的虎掌菌香味的浓淡,预测出天气的阴晴,甚至还有"虎掌菌配菜,三日不会馊"的神奇说法。因为虎掌菌十分稀少,很多云南人可能一辈子都没有见到过新鲜的虎掌菌,所以它一直是美食江湖里听说过、没见过的传说。近年来的科学研究结果首次发现,室温下黑虎掌菌中含挥发性芳香物质42种，所以民间关于虎掌菌的奇香传说，也并非突发奇想。

在云南有黑虎掌、黄虎掌两大类。通常提到的虎掌菌，一般都是指黑虎掌，因为黄虎掌菌更为稀少，只有在武定、南华市场才偶尔可见。虎掌菌表面呈深褐色，菌盖中心凹陷至菌柄基部，呈深漏斗状。菌盖呈不规则状，表面有明显翘起来的黑褐色鳞片，菌柄大多短粗、中空，菌体表面长满纤细的灰白色刺状茸毛。虎掌菌无论是形状还是颜色，都像极了老虎爪子，所以得此名。虎掌菌采摘下来晒干之后，就会变成灰褐色或者灰白色，比新鲜时的颜色要浅一些。老饕们普遍认为干虎掌菌的香味比新鲜的虎掌菌香味更甚。

每年7—9月，虎掌菌从云南高海拔高山悬崖的针阔叶混交林地上长出来，大多为单生。虎掌菌头一年成熟后，会从菌盖下方的菌齿尖端上发出孢子，孢子随风飘落到含有腐殖质的土壤中，在温度和湿度适宜的条件下，开始萌发，形成菌丝，菌丝逐渐蔓延扩展，遇到适宜的树根后，与树根的须根产生共生关系。经过半年的生长，菌丝开始扭结成原基，原基逐渐膨胀，几天后出现菌柄和菌盖，并迅速生长发育为成熟的虎掌菌。

民间一直认为，虎掌菌有舒筋活血、追风散寒、降血压、通便、降低胆固醇的作用。现代医学认为，虎掌菌中富含的微量元素和多种氨基酸可以提高人体免疫功能，具有极佳的保健功效。

中国烹饪大师王黔生把一道银芽虎掌菌送上了人民大会堂的国宴菜单。这道银芽虎掌菌受到了中外嘉宾的赞许，其奇妙之处就是用特别简单的食材和配料，把虎掌菌的奇香充分显现出来。王大师烹饪时，把干虎掌菌用开水迅速泡发洗净，切丝后在锅中无油干煸，煸至虎掌菌香味出来，出锅待用。红色灯笼辣椒切成丝，韭菜去叶切段，豆芽切去两头。锅中放少许油烧热，放入椒丝、韭菜、豆芽爆炒，倒入之前待用的虎掌菌丝，加入盐和少许鸡精提味，翻炒10秒左右即可出锅。灯笼辣椒的甜、韭菜的辛、豆芽的嫩，把虎掌菌的奇香脆嫩衬托出来了。这是一道大家都可以做的国宴名菜。当然，如果是新鲜虎掌菌，也可以用云南传统朴素的炒菌方式，加皱皮青椒、蒜片和云南的韭菜苔爆炒烹食，也是享受虎掌菌的最好方式之一。也有朋友按照广东厨师炒制XO酱的方式，秘制出虎掌菌XO酱，也是奇香无比的下饭之宝。

往年每到虎掌菌盛产的时候，来自台湾的老朋友陈立元就会自己开车，从上海来云南挑选野生虎掌菌。立元兄虽然来自台湾，行为上却特别像一个"吃菌中毒"的云南人。陈立元20世纪70年代在台湾师大毕业后就职于台湾一家报社，一段时间后赴美留学，后来在加州经营电脑公司，曾一度风生水起，壮年就已实现财务自由。后来他卖掉海外的公司和房产，只留下纳帕的一个酒庄，只身回到上海，在淮海路上买下一幢别墅，上海、台北两地择季而居；近年来又在台湾都兰修建了一栋外形奇特并带有泳池的山居小楼，置身柳丁林中，可以眺望太平洋无敌海景，整日跟胡德夫等一票老友唱歌喝酒，好不自在。

立元兄是个收藏家，但是收藏得很随性，早年收徐悲鸿、张大千作品，藏青花瓷器，玩黄花梨。后来就完全随自己心情，收藏威士忌、雪茄、普洱茶。有一段时间他喜欢上蜂蜜，竟然驱车在云南各地采买不同的蜂蜜。他对蜂蜜的追求，精细到要去绿春买山崖上刚采下来的蜜，转身又要上迪庆高原买野五味子花开时的蜂蜜。我常常接到他在来云南路上打来的电话："我快到昆明了，这次要去看几个玉溪窑的青花。"我们都已经很习惯立元兄这种独行侠风格了。每次给他打电话，他不是在湖州挑毛笔，就是在景德镇看瓷器。就算是家里莲子羹里的莲子，也一定是他自己从武夷山挑选的五夫白莲。他对食材的要求讲究到有些苛刻，所以他上海的家也是沪上美食家沈宏非等一众朋友的聚餐之地。

每次去台湾，总要提前跟他相约。跟他一起走街串巷，去寻找那些他熟悉的食肆，一定是我们必须安排的一项特别享受的旅行规划。我跟他每顿饭都忍着只吃半饱，因为时间短，馆子多。他总希望我们能够在有限的时间里，把他喜欢的那些餐厅都尝个遍。从早点到晚饭，有着一次一次的惊喜。晚饭后酒足饭饱，就会邀约大家一起漫步台北街头，信步来到老字号的犁记饼店，把要带回大陆的太阳饼、凤梨酥等伴手礼备齐，立元兄则在一边高兴地看着大家兴奋异常地抢购，一副心满意足的样子。其实每回带朋友到这间百年老店，大家都会惊叹自己进入了一个氛围古旧的老店里怀旧。立元兄得到大家对他推荐的认可也感到满意，把采购的伴手礼交付快递公司后，他又会要求大家再步行一程，来到苦茶之家。这家老店原本是以卖苦茶凉药为主的，没想到后来很多老主顾回头，竟然是为

大孢地花孔菌

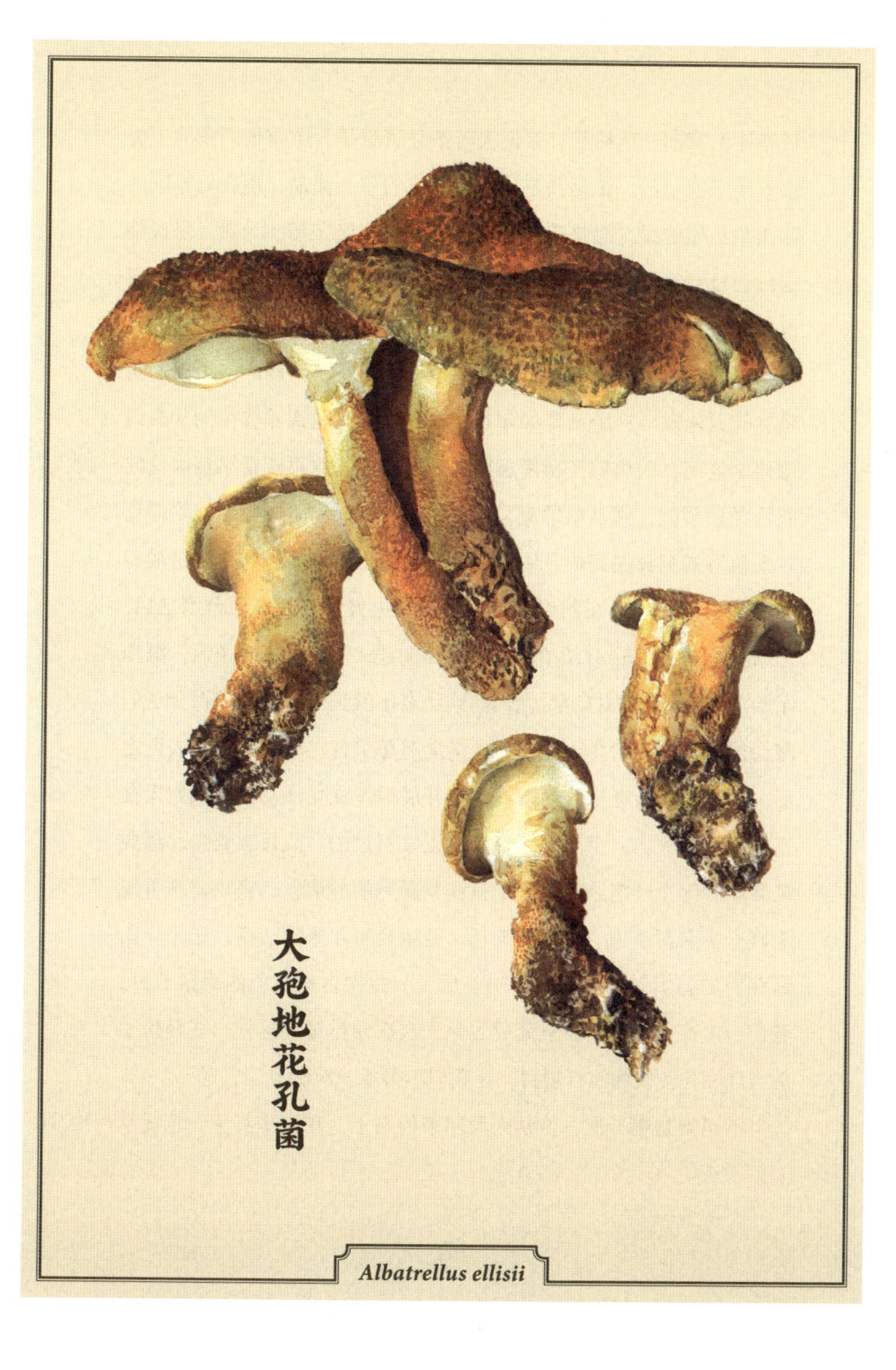

Albatrellus ellisii

了吃他们家的一碗甜品。我们去苦茶之家也是为了吃他们家的一碗银耳莲子蜜芋汤。这是我吃过的最好吃的芋头甜品,现在每当吃到荔浦芋头做的菜,总是忘不了那碗银耳莲子蜜芋汤。当然,每次临走总还是会买两瓶苦茶露带回来。高原地区没有台湾那么湿热,所以到现在为止都没有吃完一瓶。

从苦茶之家出来,自然会来到紫藤庐喝茶,紫藤庐老板周渝也是立元兄老友。这所已有80年历史的日式房子是周渝先生的父亲周德伟之老宅,因房前三棵紫藤得名。周德伟先生早年留学英国伦敦政治经济学院,师从哈耶克;后来转至柏林大学研修哲学,哈耶克以书信方式指导他完成了研究货币理论的论文。周德伟先生抗战时期回到祖国,先后在湖南大学和国立中央大学任教,到台湾之后,把《通往奴役之路》介绍给了殷海光和胡适,晚年移居美国后,翻译了哈耶克巨著《自由宪章》。他的这所老宅就是当年台湾知识分子们聚会的地方,殷海光、徐道邻、李敖都是常客。周德伟先生去世之后,周渝将这所老宅改为茶馆,也开展很多文化活动,所以如果在这里遇到白先勇、李安等人也是再正常不过的。我每次到台北都要来紫藤庐喝上一泡茶,一来是喜欢紫藤庐的静谧,二来也喜欢听周渝聊一番普洱茶道。有机会的话,他也会每年来到云南,送来一些紫藤庐的普洱茶。在紫藤庐喝茶成了我每次台湾之行的保留节目。我们一次次去到台湾,立元兄也是一次次安排策划这样一些轻松了解当地文化传统的旅行项目,让我们不得不一次次流连忘返。

不记得是哪一次,他从大理回来的路上,在南华买了一包虎掌菌带回上海，从此迷恋上了用虎掌菌来煲粥。据他传授，要将新鲜虎掌菌或者泡发的干虎掌菌洗干净，切成碎片；瑶柱泡开，洗净揉碎；土鸡汤加入大米、小米、藜麦，再把虎掌菌、瑶柱、土鸡肉丝一起放入熬粥，熟至黏稠时，加入少许葱花、姜丝、胡椒粉即可享用。他特别强调，必须用滇西出产的野生虎掌菌。

灰肉红菇
（大红菌）

Russula griseocarnosa

大红菌

　　每年云南一进入雨季,虽说是时值夏季,但在一些植被茂密的地区,还是会有一丝丝凉意,尤其是早晚时分。在云南普洱,一到烟雨蒙蒙的夏日黄昏,普洱人就觉得应该吃大红菌了。其实,很多美味佳肴都是对应不同的气候而生的,如重庆火锅,就是码头工人为了抵抗长江秋冬的湿寒而发明的一种民间美食。而云南人食用大红菌煮鸡,也一定有自己的道理,因为云南除了普洱,楚雄、保山、玉溪等地也喜欢用大红菌来炖鸡。那么,大红菌究竟有何种神奇魅力呢?

　　通常,但凡色彩斑斓的云南野生菌,多带毒性。色彩越艳丽,毒性越大。但云南大红菌是个例外。大红菌的别名叫美丽红菇,因菌盖上沉着的艳梅红色而得名。大红菌亮泽艳红,肉质肥厚,味道鲜美,营养丰富,有"南方红参"的美誉。李时珍在《本草纲目》中称其为"益寿菇",认为大红菌"味清、性温、开胃、止泻、解毒、滋补,常服之益寿也"。

大红菌较一般菌大个一些,菌盖直径6~16厘米,呈扁半球形,菌盖表面呈鲜紫红或暗紫红色。菌褶直生,呈白色或者奶油色,前缘近盖缘处通常带红色,菌柄近似圆柱形,有的上部或一侧带粉红色,也有全部带粉红色而向下渐淡。

云南野生大红菌主要生长在边远山区和人烟稀少的崇山峻岭、深山密林里,采摘起来十分艰难。生长前一般需要降雨,且雨后需要晴天,降雨量的多少与雨后是否天晴直接影响大红菌的产量。大红菌主要生长在弱酸性的红棕壤或赤红壤坡地上,且生长期较慢、数量极少,生长的地方温度高、湿度大。

大红菌菌肉肥厚,呈白色,味道柔和。做法通常是蒸、炖、烩。如与鸡、鸭或者排骨等各种肉类熬汤则味道更佳,以醇厚鲜美、清香爽口、汤色清红而著称。

云南各地都出产大红菌,烹制方法大同小异。菌子季的时候,如果能菌海寻踪,找到一些大红菌炖鸡炖得好的食肆餐厅,则可以串起一张云南美食地图。在昆明,除了奶奶、妈妈的饭和历史悠久的云南小吃,我真正的美食启蒙,是我就读的高中对面的拾圆餐厅。20世纪80年代的昆明,确实是十元人民币就可以让两个人点上几个菜吃一顿饭的。起这个名字也许就是为了让食客们一下子就能够判断消费水平吧,当然也便于口口相传。老板娘姓范,童叟无欺,江湖人缘很广,似乎人人都熟识她。大家人前叫她"老板娘",背后都叫她"范婆娘"。我们娃娃们都叫她"范娘娘"。范娘娘身形高高大大,年轻时一定是一个大美人。她有两个女儿,偶尔会来店里帮下忙,都是绝对的美人,但是没有妈妈的烟熏嗓和江湖气,听说后来都远嫁去美国生活了。范娘娘在饭店里永远烟不离手,操着她的烟熏嗓子点菜结账,点菜时总是嘴里叨着烟。她的老公话不多,在旁边搭个手,帮个忙,其他时间总是安安静静地坐在餐厅角落里喝茶。时间长了,她知道我们是学生,总是凑十来块钱来吃饭,碰到我们想多点几个菜时,就会训斥道:"两三个人点这些够吃了!"说完她就转身进厨房安排了,根本不理睬我们的争辩,犹如邻家的娘娘一样。她结账都是看盘子口算着来结,速度飞快,从来不会有任何差错。范娘娘有昆明方言讲的"辣燥"的一面,安排工作雷厉风行,交代细节滴水不漏,呵斥起员工来如狂风暴雨,对待顾客又操着她的烟熏腔,是另外一种和风细雨的交流,我对于饭店老板娘的印象永远定格在了范娘娘身上,以至于后来看到张曼玉和闫妮演的老板娘,总是觉得差了一丝丝意思。云南的这些餐厅都是不设菜谱的,要吃什么就随老板娘去厨房点。这样就要求食材新鲜、厨房卫生达标。拾圆饭店虽然是这样一间大众化的餐厅,这两方面都做得可圈可点。我喜欢去点菜,这样的话可以跟范娘娘讨论一下食材和烹饪的关系。我记得她告诉我如何挑选茄子芋头花里的芋头花以及应该如何炮制才不会麻嘴巴,红烧泥鳅里的泥鳅应该挑选什么样的野生泥鳅。我也喜欢看她挑挑拣拣菌农送来的菌子。有一天,我们五六个人去吃饭,范娘娘走过来说:"你们今天点只鸡,送菌来的人送了我几朵大红菌，炖在你们的鸡汤里，送你们吃了。"那就是我第一次喝到大红菌炖的鸡汤。用云南传统土陶锅炖出的醇鲜土鸡汤加入大红菌后，汤色泛红，口感略加黏稠，一碗喝下去，脸色骤红，幸福感顿升。后来，拾圆饭店生意越来越好，搬到了民通路上，是原来的很多倍大，每次去，范娘娘依然热情，只是再没有可能再跟她讨论美食的问题了。后来又听说，她去阳宗海开了一个大酒店，可能小餐厅的生意范娘娘已经无暇顾及了，再后来拾圆饭店就只是昆明人的一段回忆了，而我对于大红菌的最初记忆也定格于此。

  玉溪人自古就注重饮食之美，在玉溪、通海一带经常出一些名厨大师，除此之外，百姓的家常菜相比云南其他地方也是多有讲究。我少年时随父亲坐单位的卡车颠簸4个小时第一次到玉溪，惊诧于玉溪物产之丰富，更被玉溪菜市上的各种菌子所震撼。玉溪及周边的晋宁、峨山、通海、易门等地都是云南高品质野生菌的产地。那是我第一次看到那么多、那么新鲜的菌子集中在一起，有我认识的牛肝菌、青头菌、干巴菌，更多的是我不认识的各种颜色和奇形怪状的菌子，新鲜得就像是刚从山上采下来，还带着露水的味道。第一次看见干巴菌颜色深深浅浅的，竟有那么多层次的灰色。我隐隐约约记得，那天中午，父亲的朋友炒了好几种菌子招待我们，究竟是些什么菌子已经记不清楚了，只是一直记得玉溪人炒菌的手艺很好，那天吃了很多碗饭。

  现在从昆明到玉溪，仅仅是一个小时的车程而已。所以菌子季的时候，我们经常驱车到玉溪，找一些炒菌做得好吃的农家餐厅，

红菇一种

Russula sp.

暴饮暴食，菌子配碳水，放纵一个周末。玉溪是云南最为富庶的地区之一，农家餐厅大多有很多间包房，并带一个停车场。先上两碟瓜子、豌豆和一副扑克牌，悠闲的日子就开始了。菜照例是要到厨房里跟老板娘根据当天食材的新鲜程度边讨论边点，我喜欢去的在玉溪北城的兴隆菌子园，就是这样一家餐厅，老板娘忙里忙外，把客人招呼得妥妥当当。虽然只是一家农家餐厅，但年轻帅气的老板一丝不苟地穿戴着整齐的工作服和高高的厨师帽。熟客们只要点菜时看见他如火如荼地在颠锅炒菌，就心满意足地放心回到桌上去打牌了。他们家喜欢将大红菌切成厚片，先将青椒和小米辣放入热油锅中一起大火爆炒一分半钟，然后将火候调成文火，加入大量热油，和少许八角、一小瓣草果慢炒至其表面焦黄，起锅冷却后可用炒菌冷油一起浸泡来吃，也可打包装瓶带回去食用，与油鸡枞又是不同的口感，且可以保存一段时间。

　　有一段时间，我开车在滇西旅行。每一次从高速公路途径保山永平的时候，就会提前出高速，改走一段比较绕道的320国道，就是因为惦记永平人做的各种鸡。我从来没有进过永平城里，但是一提到这个地方，满满都是关于美食的记忆。320国道是通往瑞丽口岸最为重要的一条生命线，所以运输车辆繁多，一些为货车司机和长途客车乘客服务的设施也应运而生。这里有在山峦之巅的乡野旅店，也有靠近村镇的黄焖鸡店。黄焖鸡店通常都是两姐妹在经营，一人负责揽客招呼，一人负责宰杀黄焖。客人现到现点，半小时不到，她们用一个六七十年代时家庭常见的、印有红双喜图案的搪瓷茶盘，端上来一盘喷香的黄焖鸡和一盆清水苦菜汤。这道菜的秘诀也许是这个地方独特的辣椒和酱，还有当地远销各地的大蒜和酸木瓜，这些东西让这里的姐妹黄焖鸡总是有一种有别于永平以外任何地方的"永平黄焖鸡"的味道。我更喜欢在菌子季来到永平，找一家路边小店，点上一只壮壮的土鸡，一半黄焖，一半用从永平山里送来的大红菌熬汤。在流水潺潺的河边草棚里，吃着焦黄的鸡块和白色的大蒜，喝着微微泛红、略带黏稠的大红菌鸡汤，最是一种彻底的乡野享受。

我最近听说，在云南普洱流传着这样一句说明地方特产的顺口溜："绝版木刻普洱茶，豆浆米干大红菌。"这概括的是四种有代表性的当地特产，足见大红菌在普洱人心中占据着重要的地位。

我喜欢去普洱徒步，因为那里有最宜居的海拔高度和富含负氧离子的空气，而且生长在普洱的老友贺焜就是一个美食家，每次总会带着我们上山下乡去，寻找能够满足他味蕾的那一道菜。贺焜在中国版画界赫赫有名，早年与版画艺术家郑旭、魏启聪、张晓春等人一道，将绝版木刻发扬光大，斩获了全国美展和全国版画展的各种金银大奖，助力云南版画成为与北大荒版画、四川版画齐名的中国地域版画创作代表的三座大山。后来，贺焜当选为云南省美协的副主席，在昆明驻会工作了一段时间后，还是惦记普洱的大山大水，毅然要求回去组建创作基地，生生把绝版木刻努力推成了今天的普洱四宝之一。我后来去造访贺焜在普洱的工作室，其云南艺术家的特质被发挥得淋漓尽致。远远看去，他的工作室犹如一个架在茶山

◆ 贺焜工作室,2022年,云南普洱,贺焜摄

菌中毒

大红菌

之上的宫崎骏画的房子；走进去，内部功能合理、实用，有版画工作室、水墨工作室、艺术家驻留的工作室、交流展览空间，喝茶的地方更是别具特色。贺焜说，他只有在普洱才会有创作的冲动。每次吃饭，贺焜总是会挑一些位于山巅或者山谷里的农家饭庄，需要徒步爬高上梯，尽情呼吸够中国负氧离子质量最好的空气后，才能享受普洱的美食。当然，到那个时候，不论吃什么美食，幸福指数都会提高的。普洱有保护完好的原始森林，所以植物种类异常丰富。在这里，普洱人将很多植物香料巧妙入菜，使得普洱菜有别于其他地区的菜，有很不一样的风味。我感觉每个普洱人都是厨师。贺焜在餐馆点完菜，总要叮嘱厨师炒鸡要加哪些作料，炒菌不要放哪些作料。

普洱餐馆的厨师在烹饪大红菌之前，会先用温水浸泡5分钟左右，使大红菌的菌褶及其他缝隙张开，再用软毛刷轻刷，将大红菌表面的灰尘和沙土完全去除。选用普洱土鸡，洗净后剁成块，用沸水焯去血水。锅中放入鸡块和半碗准备好的云南祥云出产的黑蒜，加足量的清水，煮开以后用文火煲煮两小时，再将洗好的大红菌用手撕开放入汤锅，用中火再煮上半小时，只需加食盐调味即可。煲出的汤味道鲜美，浓厚幼滑，滋味诱人。普洱人形象地称大红菌为鸡肉菌，就是认为大红菌与鸡肉一块烹调是最理想的美味佳肴，这也是最家常的食用方法之一。

普洱的厨师觉得大红菌是大补的，所以在不是菌子季的时候用干的大红菌来蒸鸡蛋，给老人和小孩食用。先把干大红菌泡发，洗净剁碎放到碗中，再把鸡蛋打入碗中，加少量低温水将蛋清蛋黄和大红菌碎调匀，入锅隔水蒸。水开后蒸 7~8 分钟，蛋液凝固后取出，淋上适量的生抽及麻油，再撒上一点小葱葱花即可食用。

  雨季又来了，想起大红菌就有一丝温暖涌上心头，好想顺着自己编排的大红菌美食地图走一趟。从前不管去普洱还是永平，都要坐两三天的长途汽车，现在高铁已经开通，从昆明过去只需要两三个小时，真是只有感叹"天堑变通途"了。

云南蜡蘑
（皮条菌）

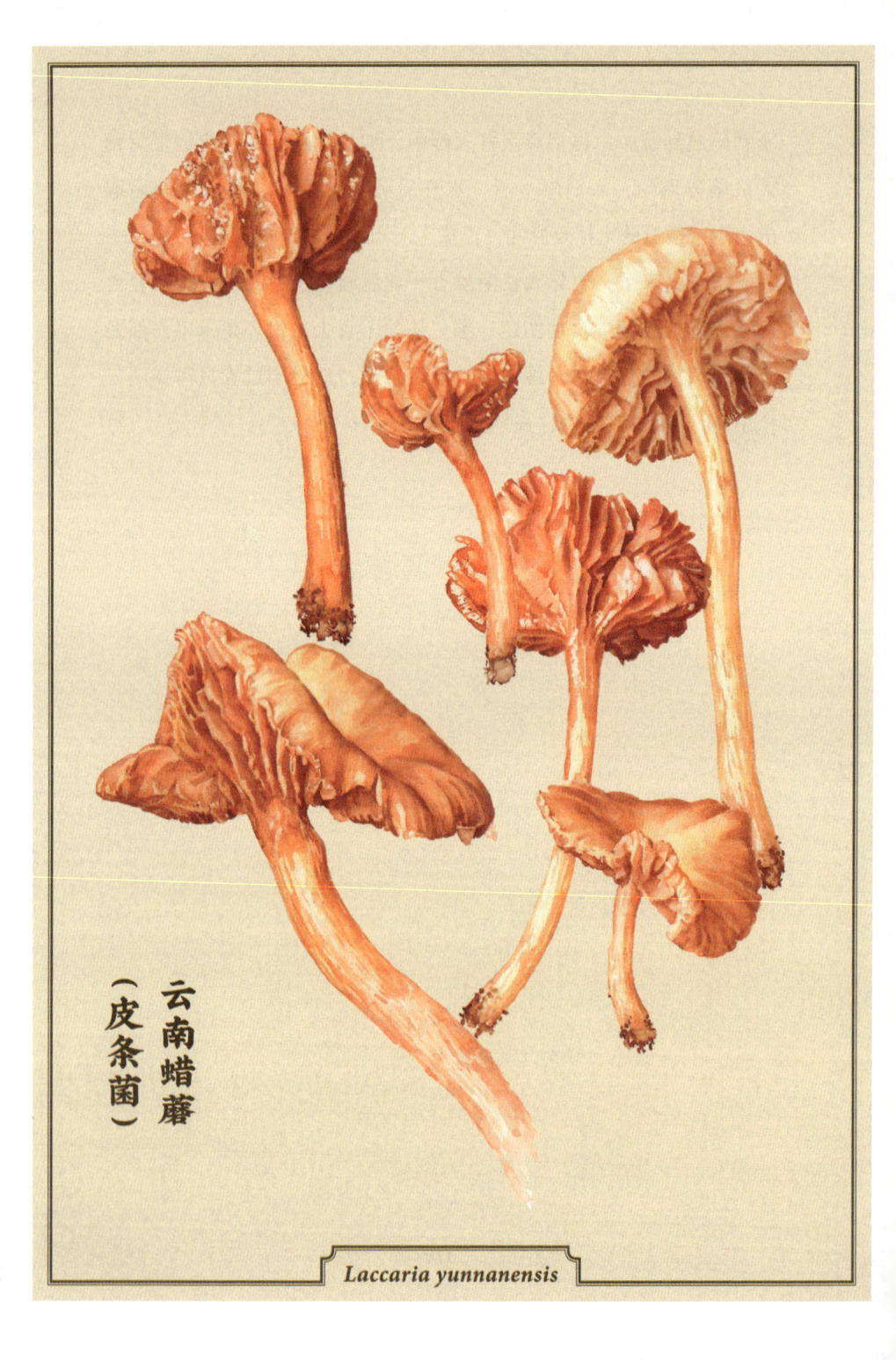

Laccaria yunnanensis

皮条菌

  皮条菌是云南人最不待见的一种野生食用菌。紫色的皮条菌有一个有些浪漫的别名：紫蜡蘑，但是这种菌的口感多少有一些像嚼皮革，所以旧时云南人就以拴马挑担的皮条来命名它。我自己倒觉得这个嚼皮革的口感其实很特别，并没有任何令人不适之感，反倒越嚼越香。读大学时曾经听过英国Coil乐队的歌曲 *Amethyst Deceivers*，那个时候只觉得是首迷幻又黑暗的音乐，后来才知道歌名其实源于紫蜡蘑，也就是我们熟悉的皮条菌的别称。我顿时觉得能够理解了一些，可能是乐手们吃了欧洲淡紫色有毒性的皮条菌，轻微菌中毒之后产生灵感所作，再听好像觉得好听一些了。云南人吃的大部分是没有毒性的皮条菌，很少听说吃皮条菌中毒了的。

  云南的皮条菌在云南松林中地上单生或群生，出产的时间通常从夏季开始，一直持续到深秋，采摘之前呈紫色，经过运输来到市场时，大抵已经是褐色了，只是菌褶部分还有一些紫色罢了，这时，整个菌更像皮条的颜色。那种运到市场还一直是漂亮淡紫色的皮条菌，就要慎食了，中毒的人一般就是混食了这一类有毒的皮条菌。当然说不定哪一个乐手误食了，又能创作出一首中国的 Amethyst Deceivers。

那种漂亮有毒的淡紫色皮条菌的菌盖直径通常有 1~6 厘米，四周较凸，中央平坦，正中央部分通常略有凹陷，在潮湿时为较深的丁香紫色，随着水分慢慢蒸发干燥，紫色会褪去，变为褐色，其中心有时稍呈垢状，中央下凹呈脐状，为蓝紫色或藕粉色；湿润时似蜡质，干燥时为灰白色带紫色，边缘呈波状或瓣状，并有粗条纹；菌肉与菌盖同样颜色；菌柄一般有 3~8 厘米长，微微有点茸毛，下部有些弯曲。云南人说，越是颜色漂亮的菌越不能吃，这种有毒的淡紫色皮条菌虽然颜色不艳，但是也不能随便吃了。

云南的皮条菌是树木的外生菌根菌，与红松、云杉、冷杉形成菌根。菌农采摘时，会注意与有毒的淡紫色的皮条菌相区别。美丽与美食，也是时时伴随着危险。

皮条菌有一股淡淡的清香，特别有嚼头。云南人觉得皮条菌不是什么珍贵品种，好像烹饪的时候也显得更随随便便一些。但是无论是用干椒、青椒、腊肉，还是随意加一些调料来炒，都有一番特别的滋味。

云南人家最常见的烹饪方法还是双椒炒皮条菌：先将皮条菌里夹杂的土洗净，撕成条状，皱皮青椒或者尖椒切丝备用，蒜切片，丘北干辣椒切段备用；把油烧热，下蒜片爆香，紧接着把干辣椒放进去，翻炒到微微有些焦黄、有煳香味的时候，把皱皮青椒下锅，继续翻炒一分钟起锅备用；油锅里加入皮条菌翻炒10分钟，收汁后，加入炒好备用的双椒，再一起翻炒3~5分钟，加入适量食盐即可出锅食用。

也有人把皮条菌撕碎或切碎后烹饪：先将蒜头、青椒在热油锅里爆炒，再将切碎的皮条菌倒入锅中翻炒至汁水基本收干，撒盐翻炒起锅，即可食用。这样做的皮条菌吃起来会有点干巴菌的感觉，干香且有嚼头。

在云南出产皮条菌比较多的地区，会有人家在价格便宜的时候，买一定数量的皮条菌回来，洗净晒干保存，冬天的时候，泡水发开，用土鸡来炖，吃起来又是另外一种风味。

去年初秋，我与好友相约去石屏看古建筑，夜宿石屏博物馆旁边的小酒店。照例是晚饭夜宵一起吃，来到滇南建水石屏一带，必须就着烧豆腐喝一顿夜酒，所以这顿饭可以从夜色将至开始一直持续到午夜时分。最惊艳的是这家小店竟有烧烤的皮条菌，焦香的烧烤皮条菌，蘸上石屏风味的辣椒蘸水，是一种从来没有尝过的滋味。

石屏是滇东南依秀山傍异龙湖而建的一座古城。因为不如旁边的建水古城规模大，在新一轮的经济发展中，一直不太受到关注。而恰巧是这份冷落，让这个小城安安静静地得到了意外的保护。

石屏有悠久的历史。石屏县辖区，两汉至东晋时属胜休县，隋属昆州，唐曾属黎州，城虽小，但是建制从未间断，后经历朝历代，无论地域建筑格局，还是民风民俗，都延续了一种独特的传统。很多年前，我们一众朋友去石屏建水过春节，晚上走在老街上感慨道，这里就是云南的京都啊！街道的尺度、商铺的格局、路面的肌理，无不与京都的街巷有相似之处。

石屏人崇尚文化，一座小城有十多座书院，故有"五步三进士，对门两翰林"之说。据考证，明清两代，石屏出过638个举人、77个进士、15个翰林；特别值得一提的是，清朝末年，云南唯一的经济特科状元袁嘉谷，就来自石屏。石屏的府衙和玉屏书院的建筑细节，令今天的建筑师虚怀若谷地一次次造访研究。身处石屏的郑营这个传统村落里的私家祠堂和宅院，你不会以为自己在边陲小城。

年少时，所有关于石屏的认知都始于同一院子里的两家石屏人。一家是丁大叔家，另外一家是李伯伯家。丁大叔家是石屏城里人，虽然是在20世纪70年代这样的特殊时期，他们家还是把石屏人家的家居传统带到了昆明。家宅里布有中堂，中式红木椅子中规中矩，案子两边的花瓶一只不少。丁大叔家过起日子来也是一板一拍，石屏煎鱼一定是做出来第二天才吃，就连腌菜的调料也和我们一般人家不一样，会放一些茴香籽面儿。

另外一户李姓人家的四儿子比我大两岁，据他说，李伯伯年轻时候因为替单位搞采购，丢失了一大笔公款，此后很多年要把工资的一部分抵债，剩下的才能用来养家。因为年龄差不多，李家老四是我小时候的玩伴之一，天天厮混在一起。那个时候，每个家庭的经济条件都差不多，每次吃饭看他们都是吃一样的菜，还是会觉得他们家的日子实在不容易。可能是考虑到生活成本问题，老四和妹妹在昆明读书，他们的妈妈还在石屏生活，会不时来昆明住上一段时间。李妈妈有先天性心脏病，看病嫌医药费贵，周末时就会带上他们兄妹二人，拿着一本《新华字典》大小的《中草药图典》去附近山上，对照着图典，挖一些治疗心脏病的草药。他们回到家摘洗药草的时候，我就很开心地去描摹他们采回来的这些药草的图样。现在想一想，后来喜欢博物画，可能始于这个时候。我少年时代的成长环境，是一直有石屏人伴随着的环境。

读大学时，我为了挣钱买一个单反相机，跟朋友跑到石屏，为军营的食堂画了好多幅桂林山水的装饰画。我们最惬意的事情就是每天工作结束后，走在石屏小街小巷的石板路上，找一个舒适的小馆子吃晚饭。而早餐时间，这个城市的老人则会烤一条特别的石屏豆腐，喝上两杯苞谷酒。石屏的日常，颇有一些世外桃源的意味。

20世纪70年代初，我父亲供职的铁路局派遣他率一个工作团队重建红河州的几个车站，包含建水、石屏、宝秀等，这几个车站位于建水、石屏一带滇越铁路支线上的个碧石铁路，我也由此随父亲过上了一段昆明—红河的两地生活。

我的伯伯是卢汉旧部，1950年昆明和平起义，部队经过改编，参加抗美援朝去了朝鲜上甘岭。所以父亲很小就需要出来挣钱养奶奶，没有可能读什么书。后来完全靠自己努力学了一些文化知识，尤其当了工作团队的小领导之后，既要领导日常建设工作，晚上还要组织政治学习。我中学时曾经看过他的一本工作日志，字迹是苍

菌中毒

◆ 石屏火车站，2021年，云南石屏，刘红波摄

皮条菌

劲有力的斜体钢笔字，比我当时的钢笔字写得好，我都有几分诧异。那个时代铁路单位效仿军队编制，父亲的下属年龄大一点的叫他"班长"，年轻的叫他"连长"。几年前，我陪父亲重返红河州，在开远见到他的同事们，他们还是依然叫他"班长""连长"，往日的美好生活仿佛重现了，我看见了一丝笑容洋溢在他脸上。

重建红河州这几个车站的这段日子，父亲正好30多岁，年富力强。他知道自己文化水平有限，就发挥自己的智商和情商，团结下放来的工程师，把车站建设得端端正正，成为那个时代的模范样板工程。那时候，每次跟父亲去车站工地，看他果断地指挥工作，我都觉得父亲很帅气，心里充满了一个小男孩对父亲的崇拜。父亲回昆明探亲时，经常会带一个姓郭的叔叔，应该是土木工程师，操着一口地道的京片子，每次来都会给我们拍一些家庭合照，也教我玩照相机，我后来对于摄影的兴趣，可能就是从那个时候开始种下的。那个年代，下放的知识分子在单位很不受待见，但在父亲那里，从来不会有这些问题发生，他始终很尊重这些有文化的人。

红河州这几个车站的重建工作结束后，父亲就调回昆明工作了。他依然兢兢业业，但是似乎进入了另外一种固定工作模式，不像在红河州工作那段时间那么有激情了，加上年轻时累出的一身伤病经常发作，刚过50岁就选择了病退。后来，我开始读大学，回家的时间越来越少，跟父亲见面的时间也越发少了。

我大学毕业那年，国家还负责分配工作。但是，我尚未毕业就已经对自己的未来有了很多父亲认为不切实际的想法。对于分配的工作，我完全没想过再去努力一下，因为对于那时的我来说，无所谓分配到哪里，每天都是一张报纸、一杯茶，去单位上了一个月的班，多一天都觉得混不下去，就辞职了。有一天，我半夜回到家，看到父亲忧心忡忡地在等着我。又是一番苦口婆心的劝说，他觉得国家花那么多钱培养一个大学生，结果我却选择去社会上自谋生路，这种想法是有问题的。我们互相说服不了对方，只好作罢。从那一天起，父亲没有再过问一次我的工作问题，一方面觉得孩子长大了，很难影响到我了，另一方面也许是作为父亲，他希望保持他的那一份尊严。

退休后的父亲，有一段时间迷上了跳舞。年轻时他就喜欢跳舞、滑旱冰。可能是因为父亲舞姿优雅，经常会有一些老太太粉丝来家中"骚扰"，久而久之，母亲实在受不了，对我们兄妹哭诉，我只好出面"终结"了父亲的交谊舞生活。从此以后，父亲只偶尔去参加彝族朋友的集体舞"跳脚"，或者跟院子里的邻居打打牌，其他时间就在家专心烧菜做饭。父亲做菜的手法也是属于"法无定法"，所有配菜、调料随性而放，所以经常有一些"黑暗料理"上桌。父亲煮的小锅米线一直保持水准，但是我们全家都不太放心他炒菌，害怕他的随性"创作"会让全家人吃菌中毒，见"小人人"。他自己作为一个老昆明人，倒是很享受每年的菌子季，年年大快朵颐。

晚年的父亲特别珍视跟家人在一起的时光，他常常和妹妹数一数一年中已经跟我一起出游了几次，所以只要需要在外地工作的时间稍微长一点，我就会把父母接过来一起住上一段时间。2020年疫情刚刚开始时，每天按惯例要出去走一走的父亲，觉得在家憋得难受，于是我把父母带去了清迈，共同生活了一个多月。很不巧，回昆明时赶上了实行集中隔离政策的第一天，我们下午4点钟到昆明机场，到隔离酒店入住已经是夜里3点钟了。那年，父亲84岁，硬是在机场撑了10多个小时。午夜时分，运送我们的大巴行驶在熟悉又陌生的大街上，途经的每一个地方，父亲都能够认出来，而且说出来的地名都是城市改造之前的老地名。最后，当我们在和平村隔离酒店落脚的时候，他说，我们要住在"黄家庄"了。黄家庄是旧时靠近和平村的一小块地方，这个名称已经不用几十年了。我觉得是父亲的一种地理意识产生的作用，不然靠街道和建筑物是无法辨别的。几年不来，我们就都已经认不出来这个地方，何况父亲已经几十年不曾再来过了。隔离的14天，是上天给我的恩赐，让我能够每天和父母朝夕相处，我和妻子每天安排好他们的早餐，而午饭和晚饭会挤在酒店狭小的房间里一起说说笑笑地吃。虽然条件有限，但是有家人陪伴，父亲也是开心得很。父亲有时候有点忘事了，经常说："我出院一定要去地下有土壤的地方走走。"他其实有些分不清是住在医院里还是酒店里。

　　结束隔离回到家里，他照例每天要下楼去走一走。有一天，他看楼下老人们下棋时意外摔了一跤，从此身体每况愈下，接下来的一年里，父亲一直被骨质疏松引起的一系列疾病困扰，也许是预感到生命于他渐行渐远，他会不时黯然神伤。母亲常常跟他一起回忆生命中最美好的时光，我们儿女总是在他身体还允许的情况下，带他去看看他熟悉的昆明名胜，看看他喜欢的老民族兄弟姐妹"跳脚"。

父亲离开的那天，儿孙绕膝，家人悉数在场，也是圆满。我一直想写一篇纪念父亲的文章，却每次不知道从何落笔。我们的家庭是中国最普普通通的家庭当中的一个，父亲是一个最平平凡凡的父亲。提笔之际，总希望能够回忆一些父亲比较闪光的大事记，但是似乎很难想起。因为对父亲那个时代的人来讲，他所能够做的事情难以与当前时代人之所为相较，更何况父亲早早就结束了他的职业生涯。对于他的兄弟姐妹，他是可亲可敬的二哥；对于孙女们来讲，他是那个喜欢用自行车带着她们风驰电掣的年迈爷爷；对于我们子女来说，他就是那个永远不声不响，一直在背后默默注视着自己的父亲。

父亲一辈子没有给我们讲过大道理，所有教诲均为言传身教。他从小就教我们积极向上、乐于助人、追求阳光，过让自己开心的生活。不以物喜，不以己悲，是父亲从来讲不出来但一生都在自觉践行的道理，这是我们从他的身上得到的最大的精神财富。他从来不会要求我们什么，无论是读书时的学习成绩，还是工作事业带来的任何财富。

父亲也是一个幽默乐观的人，无论什么时候都不觉得他有多么大的坎迈不过去，喜欢跟儿女、孙辈开玩笑。所以想到父亲，首先是那个幽默的父亲，即便在病床上，精神状况尚好时，还会不时幽默一下。我与父亲最后的告别也是在他停止呼吸前的半小时，看他脸色不是太好，为了让他轻松一些，就跟他开了一个玩笑。没想到我竟是以一个玩笑来跟父亲诀别。

父亲走后，每次想起他的时候，总是会想起父亲留给我的一个个瞬间。父亲在退休之前唯一一次离开云南的出差去的是上海和广州。回来以后，家里有了一个印着上海外滩图案的旅行提包和一双广东人的木屐。用一整块木头打磨成鞋的形状，然后用一条类似轮胎那样的黑胶皮两边一钉，就是一双广东的老式木屐了。那双木屐很大，我趿着这双大大的木屐渐渐长大。每次洗完澡，出来到院子里的时候，邻居就会说："板板鞋出来了！"因为木屐拖在地上的声音实在太响了。这是我能够想起来的父亲送我的第一个礼物。虽然后来父亲也送过很多礼物给我，但是能够记得起来的实在不多，除了这双木屐，也想不起来太多了。

当我有能力行万里路看世界的时候，只要有可能，就一定带上父母一起，我们曾经一起开车翻越高黎贡山，也曾一起乘飞机前往异国他乡，就是为了不留任何遗憾。父亲离开之后，我发觉仍有一个又一个的遗憾冒了出来，尤其是在夜深人静之际，遗憾和父亲今生除了病重时帮他翻身换衣服，竟没有一次正式的拥抱；遗憾没有让他在还能够写字的时候写下几个字留作纪念；遗憾还是留有很多遗憾。

父亲走后，我却突然因为工作上的一些事情在一年当中去了石屏和建水很多次。每次去都会惦记着去看看父亲当年修建的那几个小小的车站，这些车站已经面目全非了，有的旁边盖起了新楼，有的已经全部贴上了瓷砖。但是，看见这些朴素的建筑，一种亲切感还是油然而生,仿佛是到了自己家从前的一处居所,也许这就是父亲修筑的旧车站的灵魂所在。

父亲离开我们马上一年了,这一年当中,我始终觉得还一直处在学着和他告别的状态,这种告别是我们每个人将要面对和需要学会的。

我希望看见那个本来要去买干巴菌,却买回来皮条菌的父亲,把炒得热气腾腾的菌子,抬上一家人围坐的白炽灯下的餐桌时,他会狡辩:"其实最普通的皮条菌,也有比干巴菌更美妙的香味。"也许这是父亲和我们这个家庭告别的最好方式,因为他就是在我们一家人围坐晚餐的时候,悄悄地离开了我们。

淡红枝瑚菌（扫把菌）

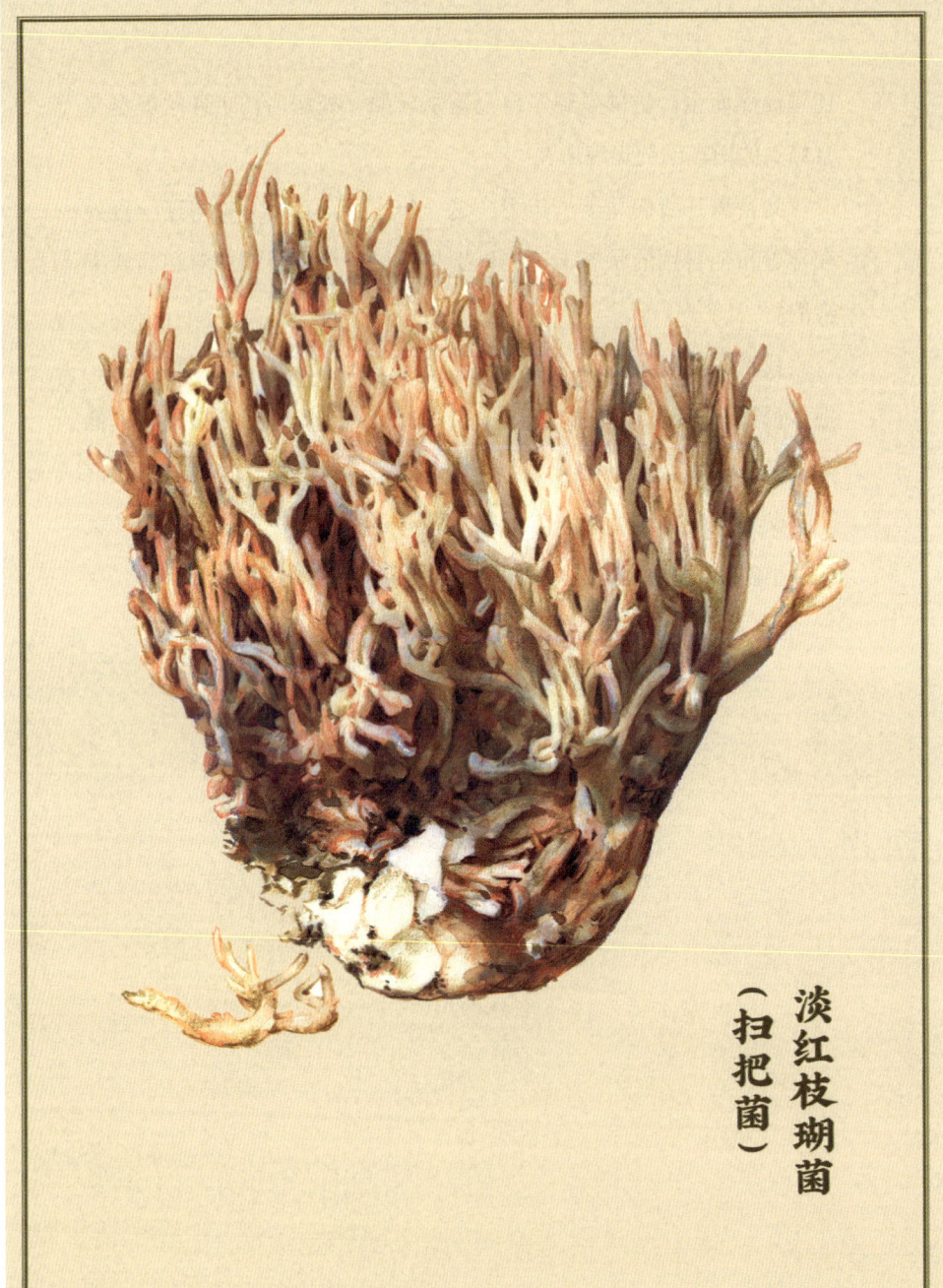

Ramaria hemirubella

扫把菌

云南每年9月左右,该下的雨也下了,该出的太阳也出了,气候愈发温润起来,扫把菌就破土而出,生长在松树下润湿石板枯叶之上,生机勃勃,有红、黄、白、紫等颜色,一簇簇着实好看。云南人心中始终有一条顽固的野生菌鄙视链,所以觉得像扫把一样野蛮生长的丛枝瑚菌应位于鄙视链的最底端,所以起了一个特别草根的名字——扫把菌。即便这种野生菌的形态有如珊瑚般美丽,但民间还是觉得扫把菌这个名字更贴切一些。在菜市里,就连卖扫把菌的菌农,气质似乎也不如卖干巴菌的菌农好。卖干巴菌的菌农总是声气比较大,而在卖扫把菌的摊子前,买家的声气反倒比菌农大多了,因为买一斤干巴菌的钱,转身能把摊子上的扫把菌全部买走。

扫把菌在云南的大山中十分常见,扫把菌子实体呈珊瑚或扫帚状,云南山民见珊瑚的机会不多,所以觉得用扫把形容更为具象。

扫把菌因为颜色丰富艳丽，故被称为"野生菌之花"。我曾经跟采松茸的山民上山，发现阳光下面不时就会跳出来一朵扫把菌，松茸还没有采到几朵，扫把菌已装了一背篓。扫把菌多生长在云南的阔叶林和针阔叶混交林土地上。一般长5～15厘米，通常会有几个主枝比较粗壮，长出如珊瑚状的分枝。不同的扫把菌会有不同的色彩，常见的有米色、粉色、黄色、紫色。《滇南本草》早有记述："帚菌，俗名笤帚菌。味甘，性平。无毒。"在我的采菌经历当中，似乎每次都会采到扫把菌。因为在采菌子的季节，在阳光灿烂的林地上，总是会先看到色彩斑斓的扫把菌，所以去寻松茸等菌时，总是松茸才采到很少的几朵，扫把菌已经顺手捡了一大筐。

扫把菌的烹饪方式多种多样，既可炒、烩、爆、炸、熘，也可煮、煨、蒸、瓤、炖。在入锅之前，还是需要特别提示一下：先将扫把菌泡水，反复多次洗净泥沙，再放入清水中浸泡20分钟待用。云南人家通常的烹饪方法，跟其他野生菌的烹饪方法殊无二致，基本上都是用皱皮青椒和蒜片做调料，或爆炒，或烩炒，只是家庭餐桌上的一道寻常小炒而已。年轻一代厨师结合泰式风味，做出的扫把菌沙拉也有特别之处。将扫把菌焯水后沥干，准备一些西餐常用的酸黄瓜及香煎培根待用。将扫把菌切成粗丝，另将酸黄瓜、培根也切成粗丝。加入大芫荽、薄荷叶、小米辣碎及盐、胡椒粉均匀拌和，挤入黄柠檬汁，即可装盘食用。

鲍汁凤爪炖扫把菌是近年来广东厨师的一道创意菜，其实就是在烹制鲍汁凤爪时融入切成厚片的扫把菌。将鸡爪除去趾甲，斩断成块，焯水去异味后洗净；扫把菌切成厚片；准备大葱葱白、大蒜、姜汁酒、高汤、熟鸡油。原料和调料全部放入锅中，烧开后用小火煨，至酥软入味，汁水收至两成时，淋入加热待用的鲍汁即可食用。

我个人还是比较喜欢云南人家的简单传统的烹制方法，既有食材的朴素本味，又有家的味道。入秋时节的和牛小火锅或者寿喜锅里加入撕碎的扫把菌，也是近年来我喜欢上的一种食法。

老辈云南人也把扫把叫"笤帚"。在大力推广普通话的局面下，现在这些名词似乎渐渐很少使用了。其实老一辈云南人也是把"扫把菌"叫"笤帚菌"的。从前老云南人是比较讲究的，对于扫把，都是认准德宏州梁河一带阿昌族编的棕笤帚。一捆棕花丝、一根竹柄、一根绳子，经过阿昌族师傅的扎、捆、绕、踩，就变成了云南人喜欢使用的清洁工具。如果尺寸做得小一点，做工精致的棕笤帚就被拿来清扫床铺。一把笤帚，是那时家家户户必不可少的家庭用具。说到梁河这个地方，就不由得想到我的朋友中生活和事业都像吃菌中毒的何云昌，中国当代艺术行为艺术方面可圈可点的重要艺术家。他早年在云南艺术学院学习油画，后来以行为艺术享誉当代艺术领域，出道之后用的艺名就是"阿昌"。在梁河当地，大家表示亲昵，就会在名字最后一个字前面加一个"阿"字来称呼，阿昌也许是为了纪念他从小生活的这个有"阿昌族"聚居的故乡梁河。云南人觉得，如果不是严重菌中毒的人，那他一定做不出那么好的艺术作品。

阿昌其貌不扬，就如同甘蔗地里走过来的一个黑黑瘦瘦的光头汉子，不魁梧，但是有力量，不大的眼睛里总感觉带着一丝狡黠。

一相处，才觉得他甚为朴实坦荡。大学后期，阿昌受当代艺术思潮的影响，开始创作一些具有实验风格的绘画作品。1992年，我们一起作为云南的艺术家参加过"中国广州·首届九十年代艺术双年展"。记得那个时候，他的参展作品好像是抽象绘画。后来，他参加过两届全国美展，并在1998年获得第8届全国美展的油画铜奖。本来这些良好的履历可以在让他的生活顺顺当当，他却毅然辞去公职，成为职业艺术家。

我很早就听说阿昌在做行为艺术，但是真正看到他的作品是在1999年底了。这一年，阿昌做了一个叫《与水对话》的作品：用吊车将自己倒吊在家乡的一条江上面，抽刀断水，与水对话。虽然当时是从图片上看到的这个作品，但我还是深深地被震撼到了，没有想到，阿昌的行为艺术作品竟比他的平面绘画作品更打动我。后来有一天，艺术家方力钧约我去昆明一个学校的运动场，看阿昌的新作品《摔跤：1和100》，黑黑瘦瘦的阿昌在运动场和100个民工进行摔跤比赛。对开始的十几个民工，他一直很顽强地摔打，等到了最后的十几个，他基本上被上场的民工用手一扒拉就摔倒了。后来他又在韩国做了一个《击鼓传花》，与100个人连续喝酒，最后喝成什么样子，也是不敢想象。

2003年，阿昌创作了他的重要作品《抱柱之信》。他将自己的左手浇铸在水泥墙中，禁锢长达24小时，用自由换得他的《抱柱之信》。水泥凝固的物理变化和艺术家生理的挣扎痛苦以及心理的变化，在这24小时中演绎得淋漓尽致。"尾生与女子期于梁下，女子不来，水至不去，抱梁柱而死。"《庄子·盗跖》中，讲述了青年尾生在蔓延到胸口的潮水中，等待心爱女子的到来，是一个向死而生的凄美爱情故事。阿昌残酷地用这样一个身体行为作品，向《庄子》中动人的爱情故事致敬。这个作品让阿昌在当代艺术圈名声大噪。

当人们还在惊叹，阿昌用自己的身体挑战极限，实现行为艺术计划的时候，他又开始把极限一步步提高。2003年，他做了一个作品《视力检测》，在100分钟内目不转睛地盯着10 000瓦的灯，结束时感觉已经快要双目失明，很久以后才逐步恢复了一些，但是眼睛的部分损伤是完全不可逆的。紧接着，他又把自己封存在一个浇筑的水泥空间里24小时。后来，他又准备在尼亚加拉大瀑布的一块岩石上面停留24小时，被当地警方发现后强行中断，用直升机带离。

2008年8月8日，阿昌在医院里通过各种检测证明自己没有精神病，自愿取下了自己左侧第8根肋骨。之后，他用这根肋骨和黄金打造了一个项圈"夜光"，送给他心中的"爱人"——母亲、女友、老师等五位女人。这个作品再次提高了阿昌作为一个行为艺术家对于身体疼痛的理解与艺术创作的极限。

当然，阿昌也有云南人浪漫的一面，我认为他在英国所做的《石头英国漫游记》，就是一个极其富有诗意的作品。阿昌2005年驻留纽约期间，每天看着地铁里大街上忙碌的人潮，为了明确的目的四处奔波，总是希望能够以最高的效率、最快的速度达到目的。于是，一个反速度和效率的创作想法在他脑袋里油然而生。2007年，阿昌选择在英国来完成这个作品。他查阅了大量资料，做了周密计划，历时120天，把从英国东海岸一个叫布姆的地方捡的一块大石头手举肩扛，几乎环大不列颠海岸线走了一圈，行程约3500公里，最终回到起点，轻轻放下了这块石头。

阿昌希望做这样一件从古典文学渊源中吸收到营养，而又有浓浓的哲学意味的作品，让看到这件作品的观众，能够进入艺术家营造的思想空间，并与之对话。阿昌认为，他所创作的行为艺术作品都必须有一个完整系统的度量，是受整体的素养和评述决定的。作品必须有肌理感，必须以现场为准，在作品中把自身的认知、渴望、在意、热情、智慧全部融在一起。

这些年，我在云南的时间多一些，一直持续关注阿昌的创作，对于他的一些新作，也是通过网络媒体一一去了解。去年夏天，我去北京草场地艺术区阿昌的工作室拜访，他还是一如既往的亲切，聊到云南的山水故人依稀如昨。阿昌还是那个阿昌，乡音中的梁河语气词依然地道。这些年来，阿昌的艺术创作坚持永不自我重复。他的行为艺术作品重要的是作品的过程、意义，而不是结果。他的作品大部分都跟他自己的日常生活有关，跟自己的身体有关，从来不会去浪费社会资源。有时，阿昌会将用自己的身体作为艺术媒介，把对自己身体的伤害当作表现工具。但是他始终只是在自己力所能及的范围内最极致、最纯粹地演绎富有宗教感和诗意的作品。

今天，阿昌无疑是中国当代艺术圈里最有影响力的行为艺术大家了，但很多人还是很难理解他这种用自己身体做艺术的方式和态度。云南人则不同，他们如果实在理解不了，就会说一句"这个艺术家怕是吃了菌了"，云淡风轻地自我安排了一个理解的方式，然后该干吗干吗了。其实阿昌这种生活和创作的状态，还真是有几分菌中毒的状态呢！

  转眼之间，阿昌从事行为艺术已近30载，依然是年轻时一样的豪情，每一个作品都对他自己的身体有更进一步的伤害，所以告别时看着他略微佝偻的身躯和日渐稀疏的牙齿，我还是感到一丝悲凉。阿昌默默地以一己之力，实现着几代人的行为艺术信念。我想到弘一法师写的四个字：悲欣交集。

三地羊肚菌

Morchella eohespera

羊肚菌

羊肚菌的名气很大，经常出入高档餐厅的食客们应该比较熟悉。云南的厨师们也喜欢用羊肚菌来烹制菜品。从前，云南的菌农们每年拾第一波羊肚菌，多在春天的3—5月。由于不在菌子季，没有菌贩子们来收菌，所以拾到后，通常就放在太阳下面晒干，等攒够一定数量再拿去卖。厨师认为，干的羊肚菌本身就是上好的食材，不仅储存运输方便，而且用水泡发后，还能够保持新鲜羊肚菌的鲜味，可以在一年四季品尝。各个菜系的厨师纷纷把羊肚菌用在自己开发的一些菜品当中，因此，干羊肚菌也成了一种价格高、有档次的干菌。不太熟悉云南菜的朋友，也都知道羊肚菌这个菌种。在西方，一些米其林餐厅的大厨也会用羊肚菌这种食材来烹制比较有想象力的菜式。但是，在云南菜市上，很少有去买新鲜羊肚菌做家常菜吃的本地人。通常在不是菌季节的时候，云南人才会买来当作礼品，馈赠外地亲朋好友。

羊肚菌按照颜色可以分成3个支系，即黑羊肚菌、黄羊肚菌和变红羊肚菌。羊肚菌近似圆锥形或梭形，因菌盖部分凹凸呈蜂窝状，酷似翻开的羊肚的表面肌理而得名，一般高3~9厘米，菌盖几乎跟菌柄相连，菌柄近圆柱形，呈白色。羊肚菌多生长于丘陵地带或沟渠边缘的针叶林或针阔叶混交林中，以及通风条件好的沙壤腐殖质层土中或褐土、棕壤中，充足的氧气对羊肚菌的生长发育是必不可少的重要条件之一。从前，在山民们刀耕火种后的林地上，羊肚菌比较容易成规模生长，平原坝子和高海拔山地均可生长。羊肚菌的盛产季节一般在每年早春和晚秋两个时节。羊肚菌在全世界都有分布，其中在法国、德国、美国、印度比较集中，云南的香格里拉和丽江地区是羊肚菌的重要产区之一。

羊肚菌因为保存、食用的便利，成了今天中西厨师都特别追捧和推荐的一种食材。据说在美国，有好食者称羊肚菌为"陆地鱼"。在昆明，可能是因为我有着本地人的习惯思维，总觉得羊肚菌是云南人拿来忽悠外省食客的，很是不以为然，反倒是在距云南千里之外的北京和广州，吃过两道用羊肚菌烹制的菜肴，让我对从前不入法眼的羊肚菌刮目相看。

在北京的大董餐厅，厨师选用云南香格里拉3月刚上市的羊肚菌，口感柔韧中带脆。为了最大限度地保留羊肚菌的美味，仅用黄油简单煎烹，锁住羊肚菌丰富的汁水，再配上手磨的海盐、胡椒，加上一小撮淋了意式油醋汁的蔬菜沙拉作为配菜，将其鲜美滋味完全烘托出来。

在广州的餐厅里，有一道羊肚菌蒸牛展也是让人印象深刻。粤菜厨师向来对食材极有讲究，他们总结出了羊肚菌的47种香味，所以，厨师专门选用羊肚菌来做这么一道滋补菜肴。选与之匹配的食材——位于牛腿内部的细牛展——蒸制，爽滑的牛展吸满了羊肚菌身上特有的47种香味成分，羊肚菌与细牛展相得益彰，入口难忘。

客观地讲，我个人觉得云南传统烹饪羊肚菌的方法，除了用羊肚菌煲鸡汤，确实没有其他哪一种烹饪方法有特别之处。在吃了这些云南以外的厨师出品的羊肚菌菜肴后，我才开始注意起这种菌来。民间早有"年年吃羊肚，八十满山走"的说法。查资料得知，羊肚菌中有机锗的含量较高，具有强健身体、预防感冒、增强人体免疫力的功效。看来大家对羊肚菌的追捧并不是一味盲目的。

近年来，市场对羊肚菌的需求日趋增大，技术的发展已经让羊肚菌的人工种植成为可能。但无论是香味还是口感，人工种植的羊肚菌都与野生羊肚菌相差甚远，对食材有要求的老饕们还是会选择最好产区的野生干羊肚菌。但是，泡发野生羊肚菌要特别注意，须用温水浸泡大约20分钟，使香气得以散发出来又不会破坏其香脆口感。如果水温太热或者泡的时间太长，羊肚菌会变得过软，失去独特的香味，就真是暴殄天物了。

我第一次见到新鲜的野生羊肚菌时，还是13岁的少年。此前，我认为只有在宾馆酒店的宴会菜单上才能一见羊肚菌的身影。羊肚菌上市正逢夏天，昆明能够游泳的季节。

旧时的昆明是个水城，滇池水域一直延伸至城中今天翠湖一带，有很多称为"湾"的地方，都与滇池水域有关，如潘家湾、董家湾、佴家湾，等等。昆明城南有一个叫"螺蛳湾"的地方，在元代之前是盘龙江的河尾，滇池与盘龙江、玉带河在此连接，形成了三面临水的渡口和渔港，毗邻昆明最重要的云津码头。徐霞客在游记里记述，他曾经从螺蛳湾上船去滇池彼岸的晋宁。

螺蛳湾周围的水域随世事变迁，除了盘龙江，其他都成为平地了，但是螺蛳湾作为市场延续了下来，并未随变迁而消失。螺蛳湾坐落在昆明环城南路上的一段，向来都是熙熙攘攘的，主要是有些赶马车来的商贩，拉一些桃、梨之类的水果，或是红薯、洋芋，马车在路边一停，买卖就开张了。桃、梨上市的时候，小伙伴们就会恶作剧去"抓街"。

"抓街"一词是老昆明人形容乞丐在街市上抓食摊贩卖的食物的行为。赶马大哥拉了一车呈贡区的宝珠梨，就被我们惦记上了，一分工，两个小伙伴骑着家长的自行车等在一边，我负责用大钉子去刺马肚子，马一惊，赶马大哥跑过来查看情况，马车这边没人照看，另外一个小子窜出来，拿绿色军挎包扒拉一包宝珠梨，我们两个跳上等待在一旁的单车后座，一溜烟就朝后街飞奔而去，只听见醒悟过来的赶马大哥追在后面一阵叫骂。

抓街之后的固定游戏，就是去螺蛳湾街口的红卫兵游泳池游泳。那时候，整个昆明只有四个公共泳池。南城这一片的孩子，夏天不是在得胜桥上跳水捞蚌壳，就是五分钱买张游泳票，混在红卫兵游泳池边上，像极了姜文的电影《阳光灿烂的日子》里的情节。那时全中国孩子们的生活大概都差不多吧。游泳池没有固定的衣柜，只有男女各一间换衣服的空房间，换完的衣服要拿到游泳池边上，派一个小伙伴守着，其他小伙伴就一头扎进水里嬉戏。我之前在这个游泳池跟小伙伴学游泳，没有学会，还喝了好多口游泳池的水，至今还对那个五味杂陈的味道记忆犹新。从此以后，我就特别怕水，所以只有看衣服的份儿了。即便这样，还是喜欢去守衣服。身体刚刚发育的少年，借着游泳之名可以去欣赏那些穿红色泳衣的姐姐，满足自己的青春期想象。

　　游泳池出来右转，就是螺蛳湾直街，这条街两边都是卖各种蔬菜的摊贩。突然我发现人群里有一辆残疾人的手摇自行车在慢慢行进，车上坐着的是我们院子里的邻居丁大叔。丁大叔是云南石屏人，年轻时工伤致残，后来凭借一手好厨艺，在单位和熟人、朋友间有了不错的口碑，就在单位食堂担任主厨。但凡家庭有婚丧嫁娶的大事，或是单位接待宴请，只要丁大叔出马，肯定宾主尽欢。丁大叔对菜品要求特别细致，举个例子，他做石屏煎鱼，做完以后不让马上就食用，一定要放到第二天下午不加热食用，才能吃出最佳的味道。看他在买菜，我就跟了上去。

　　这是我第一次看到羊肚菌。应该是一筐羊肚菌，颜色不是小孩子喜欢的比较鲜艳的颜色，黑色、褐色掺杂，但是表面肌理确实很

菌中毒

◆ 螺蛳湾市场，1990年，云南昆明，张卫民摄

羊肚菌

像羊的内脏，形状长得规规矩矩、饱饱满满，但丁大叔还那么仔细地跟卖菌人理论，让我有些纳闷。一小筐新鲜羊肚菌要价5元钱，5元钱是那时一个家庭差不多一周的蔬菜金额，丁大叔只好摇着他的残疾车一步三回头地离开了。

回到院子里，丁大叔抓住我就开始讲羊肚菌的烹饪方法。他说，羊肚菌一直是中国重要宴会里会用到的一种菌。云南以外地方的厨师，大多使用干羊肚菌来泡发使用。如何把羊肚菌烹制得有滋有味，是考验一个厨师是否有承担起宴席工作能力的标准。他说，羊肚菌红烧肉是云南菜里最能够体现肉香与菌香相得益彰的菜。

"把带皮的三线猪肉泡入水中清洗之后，切成麻将大小的坨。炒锅热锅冷油，放入草果一个、八角两个，再加入生姜、大蒜，炸香之后，加入猪肉煸炒至金黄色，沥去油脂，倒入土陶锅中加水大火煮开，换小火开始炖。其间加入在炒锅中炒出糖色的冰糖糖汁，并放少许老抽调色。猪肉炖至五成熟时，倒入羊肚菌，等肉炖到香糯时，加上一点胡椒粉就可以上桌了。这道菜是最能够让羊肚菌被肉汁滋养的了。"他讲得目光如炬，我听得垂涎欲滴。

等我真正第一次做羊肚菌这道菜的时候，已经是多年之后了。我按丁大叔当年传授给我的做法烹制，居然第一次就特别成功。咀嚼着奇香脆爽的羊肚菌，脑海里满满的是那个下午，丁大叔告诉我的关于羊肚菌的点点滴滴。

螺蛳湾几经改造，成了东南亚地区最大的小商品批发市场。后来，精明的开发商又把红红火火的螺蛳湾夷为平地，盖起了现代化的商业综合体。螺蛳湾变成了新螺蛳湾，搬迁到了几十公里以外，更加"高大上"了。那个我们少年时代骑着父亲28寸大单车呼啸而过的螺蛳湾，那个我们抓街买菌，游泳晒太阳的螺蛳湾，是我的少年青春，只能深深地保存在心底了。

扁平鸡油菌

Cantharellus applanatus Fr.

鸡油菌

提起昆明的雨,大都会想起汪曾祺先生那篇脍炙人口的散文,会记起先生写到的昆明雨季的牛肝菌、青头菌等适时上市的各种野生菌,也会感受到先生忆起昆明雨季时的一丝丝乡愁。他说:"我不记得昆明的雨季有多长,从几月到几月,好像是相当长的。但是并不使人厌烦。因为是下下停停、停停下下,不是连绵不断,下起来没完。而且并不使人气闷。我觉得昆明雨季气压不低,人很舒服。"昆明夏天的雨确实如此,但是一入秋,每逢落雨了,便还是有几分萧瑟和寒意。作为一个昆明人,这种天气并不是我喜欢的,好在这个季节有我喜欢的鸡油菌上市。汪先生在文中提到鸡油菌时不以为然,觉得只能作为配菜。其实在云南人家,鸡油菌是秋雨中的一份念想,想想在温暖的花房里,用腾冲的炭火土陶锅子煮上鸡油菌,顿生一丝安慰,这种极端天气也未必不能忍受了。鸡油菌是夏末秋初云南人餐桌上常有的一种野生菌。鸡油菌这个名称来自菌子有如鸡汤表面呈金黄色的鸡油的色泽，加之在烹制过程中吸油，吃的时候感觉其液汁如鸡油一般，而且吃起来还有走地鸡肉的韧性口感。

鸡油菌多生长于亚热带和温带阔叶林或针阔叶混交林中的地上，菌柄长3~8厘米，呈奶油色和浅黄色；菌盖直径3~15厘米，呈鲜黄色。滇中、滇西南、滇西北都盛产鸡油菌。

鸡油菌生长在林子深处腐烂的落叶中或者朽木上。它们总是一小群地出现、生长，黄色的菌体十分显眼，拾菌人基本一眼就能够看到。菌体不大，中间凹下去的部分特别像喇叭花。成熟的鸡油菌香气十足，有典型的杏香味，有韧性，不易碎。在昆明的野生菌市场上除了普通的黄鸡油菌，还能买到红鸡油菌、淡白鸡油菌和黄柄鸡油菌等颜色鲜艳的鸡油菌。

鸡油菌是云南人秋日里常食用的一种野生菌，营养价值丰富。它含有胡萝卜素、维生素C、蛋白质、钙、磷、铁等营养成分，传统中医认为，鸡油菌味甘性寒，具有清目、利肺、益肠胃的功效，对于预防多种疾病也有很好的作用。

烹制鸡油菌有很多种方法，讲究烹饪的法国人认为，把鸡油菌与香草、奶油一起烹食会将鸡油菌特别的香味发挥到极致。把鸡油菌用白醋渍了之后，再加进一些香草，也是欧洲常见的吃法。

云南人家吃鸡油菌还是以爆炒和煲汤为主。常见的方法就是鸡汤煲好后，放入鸡油菌再煲半个小时，待鸡油菌的杏子香味被激发出来即可食用。用云南宣威火腿和皱皮青椒爆炒鸡油菌也是云南的一种家常烹饪方法。先将已切好丁的火腿放入油锅中炒熟，起锅待用，将切碎的鸡油菌和青椒一起倒入锅中爆炒，至七分熟时加入之前备好的火腿，在鸡油菌刚要出汁时即可起锅。

我自己最为喜欢的，还是吃云南传统炊锅或者腾冲锅子时，手撕鸡油菌加入锅中，煮至杏香四溢，便是抵御秋雨湿寒的一道温暖美食了。

老人家们常说，喝过流进昆明的这股水的人，就会忘不了这个城市。当年在西南联大读书的杨振宁、汪曾祺等先生们，一生行走天下，终究还是念念不忘在昆明的几年光阴，总是找各种机会一次次回到昆明。到底是因为这股水，还是留恋昆明的气候、风光，抑或美食？大部分昆明当地人更是被这种故乡情结所牵绊，只要有可能不离开昆明就坚决不离开，所以从古至今很少有昆明人去外地做事做官。我们经常戏谐道：昆明人就是这样被菌儿牵绊了。我的忘年之交姚钟华先生就是这样一个例子，明明可以离开昆明有一番更大的事业，却选择了一辈子活在昆明。

姚先生出生于昆明的一个五代名医家庭。自乾隆末年的姚方奇先生开始，姚家五代名医，以世代相传的精湛医术治病救人，受到几辈昆明人的尊重和爱戴。姚先生祖父姚长寿德高望重，曾任神州医学会会长，后积劳成疾，英年早逝。出殡时，群众自发送姚大夫的队伍横贯半个昆明城。姚家在昆明城里有两个药铺，一个是福元堂，另外一个为姚记药号。楚图南先生后来认为，福元堂是应该与北京同仁堂、杭州胡庆余堂相提并称的老字号。

到了姚先生父亲这一代，已经来到了民国年间。姚先生的父亲姚蓬心新婚后即与艾思奇等云南留学生一起前往日本留学，后因参加反日大同盟被驱逐。他辗转东北，经历了"九一八"事变，又来到广州考取中山大学医学院，毕业后回到昆明，开过诊所，也担任过公职。抗战期间，昆明成了大后方，姚家成为在昆明的文化人聚会的场所。画家蔡若虹、张谔，西南联大的教授们，如闻一多、沈从文，琵琶演奏家李廷松，以及新中国剧社的高博、吴茵、袁文殊、周令钊、马思聪等艺术家常到姚家小聚，高兴时即席演奏。甚至闻一多先生租住的就是姚钟华大伯父静庐的几间房。抗战胜利后，姚先生的父亲又赴美国约翰霍普金斯大学深造，新中国成立之前回到昆明，创建了昆明医学院的消化学科，并担任附属医院的内科主任。

姚先生的叔伯及同辈的兄弟姐妹基本上都继承了姚家救死扶伤的传统。只有姚钟华先生自小就喜欢涂涂画画，一有空就会去离他们家不远的华山南路的鸣鹤画店及后来的生生广告社看画工画画。1948年廖新学先生从法国学成回到昆明，在抗战胜利纪念堂举办了他的汇报展览，这个展览启蒙了自幼热爱绘画的姚钟华，因为父亲与廖先生相识，所以姚钟华近水楼台，成了廖先生的学生，可以每隔一周就去廖先生家请教，为他日后进入中央美术学院系统学习打下了良好基础。

1955年，姚先生考入中央美术学院附中，用了9年时间从附中读到大学本科毕业。在中央美术学院读书期间，他进入了提倡油画民族化的董希文先生的工作室，除了受董先生教诲，还有幸师从许幸之、詹建俊、韦启美、戴泽、侯一民等名家。姚先生在美院读书时，与范曾、薛永年等同学组织了中央美术学院的蒲剑诗社，也是校尉胡同5号的活跃分子。

姚先生读书的那几年，往返一次北京需要数天，不是每个假期都能回家省亲。不能回家的假期，只有蜗居在宿舍或者借住在同学家中。暑假里最让他想念的，除了昆明的亲人，就是家乡的菌。炎热的日子里躺在宿舍的凉席上，看着天花板细数着干巴菌、青头菌、牛肝菌、鸡油菌。那个时候，对姚先生来说，对菌子的思念就是他的乡愁。

大学毕业之后，姚先生回到昆明，被分配到电影公司画宣传画。1966年"文化大革命"开始，姚先生自己和家庭都受到了冲击。有几年的时间，姚先生以收集边疆英模人物资料为名，走遍云南的山山水水，画了大量的写生。1972年，姚先生以一幅描绘迪庆藏族兄弟收听中央广播的作品《北京的声音》享誉画坛，从此以后进入了创作高产期。他开始为中国历史博物馆和人民大会堂绘制巨幅油画作品，受到了李可染等老一辈艺术家的肯定，也得到了同辈艺术家的赞赏。20世纪80年代是姚先生的高光时期，他创作了大量在中国美术史上具有重要地位的作品，如《啊！土地》《撒尼人的节日》。

1980年，姚先生与同样毕业于中央美术学院的王晋元等艺术家成立了"申社画会"。申社画会是改革开放后最早的艺术创作群体之一，对几年后风起云涌的"八五新潮"起到了影响和示范的作用。在申社画展里，姚先生展出了从吴作人、黄永玉先生那里学来的高丽纸画法的彩墨作品，经后继云南艺术家们的发扬，成了在美国名噪一时的"云南画派"的现代重彩画。姚先生因为有中央美术学院系统的人脉关系，但凡来到云南边地采风写生的艺术家，一定会联络姚先生。吴作人、萧淑芳来云南写生，姚先生为他们买墨、理纸、钤印。吴冠中先生来云南，姚先生陪同探访他当年就读的国立艺专旧址。在那段时间，姚先生把云南美术界和全国各专业机构的交流搞得风生水起。最为重要的是，1983年，姚先生通过中国展览公司，把爱德华·蒙克的画作引进到了昆明展出。这个展览给当时以现实主义创作风格为主的美术界带来了巨大冲击，影响了毛旭辉、张晓刚这一代当代艺术家的成长。

在公共艺术方面，姚先生也产生了巨大的影响力。1985年时逢农历乙丑牛年，姚先生为中国邮票总公司绘制设计了牛年邮票。第一组生肖邮票均为大师绘制，如绘制猴年邮票的黄永玉、绘制鸡年邮票的张仃等。36年后，2021年，中国邮票总公司又请姚先生创作了农历辛丑牛年邮票。

20世纪80年代是中国思想解放的年代，也是姚先生最为意气风发的年代。从那时起姚先生开始走出中国，在法国进行艺术驻留，参加巴黎大皇宫的春季沙龙，漫游欧洲，艺术眼界和创作格局都大大拓展。中央美术学院聘请他回母校执教一学期后，向他抛出橄榄枝，希望调他回油画系任教。商调函到了云南省文化厅，一位领导认为这是北京方面来挖边疆地区的人才，把文件锁进了自己的办公桌。中央美术学院一等再等，西北的朱乃正先生都已经报到，却迟迟没有等来云南的姚钟华。姚先生知道这一切，已经是半年以后了。不知道是因为惦记年迈的父亲，还是惦记云南的山水人情，他并没有为调回中央美术学院刻意做什么。以他的才华、当时的环境，以及中央美术学院的平台，如果他调回中央美术学院，肯定会有不一样的发展。但是姚先生选择留在了昆明。

1994年，姚先生移居美国，始终觉得无法落根，不知道是时时想念昆明的四季如春，还是想念昆明的菌儿。美国、加拿大、墨西哥跑一圈，把该看的博物馆看完后，他立马动身回到祖国。回来这些年，姚先生笔耕不辍，一直保持旺盛的创作热情，佳作不断。

1980年申社画展举办的时候，我是一个刚上初中的少年，骑着刚刚学会的自行车，歪歪扭扭地到了苏式建筑风格的云南省博物馆（那时还没有云南美术馆），怀着敬畏的心情观看展墙上的每一幅作品。展签上每一个艺术家的名字都是那么熠熠生辉。那是我第一次知道姚先生的名字，也是第一次看到他的作品。

后来，我经常在美协组织的一些展览上，见到一个儒雅且有几分风流倜傥的中年美男子，有人告诉我这位就是姚钟华，而且补上一句，他是昆明的少爷。他的家学、他的才情、他的修养，确实配得上这个称谓。那时的我顿时觉得生活离他很遥远。1986年10月，在云南省图书馆，毛旭辉、张晓刚与姚钟华的第三届"新具象"展，以放参展艺术家作品的幻灯片和宣读论文的方式进行。姚先生以画院领导的官方身份对年轻人的艺术活动给予了肯定，也以艺术家的角度平等地与青年艺术家探讨了艺术创作中存在的问题。这是我第一次聆听姚先生的演讲发言。后来只是在展览或学术刊物上不时见到姚先生的作品,再后来又听说他去了北京,参与中国油画学会的一些工作。姚先生的存在,是云南美术圈的传说。

2012年,我开始写作《护城河的颜色》一书,对姚先生做了几次采访。姚先生才思敏捷,侃侃而谈,记忆力超群,回忆了很多昆明艺术圈的旧事。他为我写作那一本关于昆明艺术家的书提供了很大的帮助。从那个时候开始,我们渐渐熟悉起来,不时互相走动一下。我开始筹建昆明当代美术馆的时候,也请教过姚先生很多事宜。美术馆成立起来,又聘请姚先生担任学术委员会成员。几年来,姚先生大力支持美术馆工作,凡是需要帮忙的地方,他一定义不容辞。我们看到了他们家风之中那种对故乡的一种责任感,很是让美术馆同人感动。无论是美术馆理事会还是普通工作人员,其实都需要抱有一种这样具有责任感的情怀,才能将一个非营利的艺术机构艰难地支撑下来。

我很喜欢跟姚先生餐叙。第一,年逾八旬的他胃口很好,自然也把大家的食欲带动起来。第二,席间他喜欢绘声绘色地讲笑话,总是让大家忍俊不禁。

姚先生虽然是我父亲辈的年纪,但我们还是习惯称他夫人为马姐姐。马姐姐年轻时是云南省歌舞团的台柱子,如今依然保持着舞蹈家的优雅身形。两人相濡以沫,夫唱妇随。2020年,我们在一起庆祝了他们夫妇的金婚,说起当年错失上调北京的机会,老朋友用老昆明话问他:"您家(昆明话尊称)咯是着菌儿闹着了?那么好的机会不争取?"姚先生云淡风轻地笑答道:"闹么没闹到,菌儿么还是年年要吃的。"

多汁乳菇（奶浆菌）

Lactarius volemus

奶浆菌

孩童时期最能记住的一种菌就是奶浆菌。可能奶浆菌这个名字，让天生对奶汁有一种依赖的孩子觉得亲切吧。暑假在家，百无聊赖，如果有奶浆菌买回来，趁妈妈不注意，我就会把菌柄掰断，只为了看一会儿奶浆菌流出牛奶一样的汁。幼小的我觉得奶浆菌异常神奇，母亲一不注意，一筐子奶浆菌就被我掰得乱七八糟，难免被抓来揍上一顿。

奶浆菌在野生菌中属于中等大小，菌盖呈浅漏斗状，比普通蘑菇更偏橙红色、红褐色、栗褐色，菌褶呈白色至深橙色，菌柄为圆柱状，与菌盖同色，或为白色。有的颜色比较深一些，民间称为红奶浆菌，也有少量奶浆菌是整体为白色和褐色，民间也叫白奶浆菌。

奶浆菌多生长于云南多地海拔1600~2800米的温带松林或针阔叶混交林地上，常在松树上形成菌根然后继续生长。每年云南进入夏天，天气骤热，常常会一阵暴雨，然后马上又雨过天晴，这就是我们常说的云贵高原上的"太阳雨"。这时，奶浆菌就如雨后春笋般长出。奶浆菌成长周期短，持续时间长，所以也是云南产量比较大的野生菌。

因为奶浆菌产量大，每年7、8、9三个月，大量的奶浆菌上市，价格低，味道鲜美，在百姓家中的餐桌上和食肆、野生菌火锅餐厅中，都能看到奶浆菌的身影。很多老昆明人一直在琢磨这个好吃不贵的奶浆菌，除了味美，到底还有哪些营养价值和食疗功效。这几年陆续看到一些民间人士的总结，但没有做过科学考证，野生菌中大多含有多种人体内不能合成的氨基酸，还含有脂肪、碳水化合物、维生素，以及钙、磷、钾等微量元素。我对吃完奶浆菌后，身体消化系统"工作"的迅速，印象尤其深刻。

昆明人觉得奶浆菌就是饭桌上寻常的食材。通常买回来洗干净，用手随便掰成块状。蒜片爆锅，青红皱皮辣椒碎炒香，倒入奶浆菌炒熟出汁，即可出锅上桌。

我自己最喜欢的一种做法，是奶浆菌肉松：猪肉末或者牛肉末先在锅中炒至臊子状待用；奶浆菌洗净，用手捏碎，放入锅中煸干八成水分，起锅待用；青红皱皮辣椒碎和蒜末放入锅中爆香，再把肉末和奶浆菌倒入油锅中，翻炒2分钟，淋入花椒油、芝麻油少许，就完成了这道奇香扑鼻的奶浆菌肉松。无论是送白饭，还是用来拌面，都是绝配。

我的朋友李都，跟他退休的老母亲一样喜欢摄影，在昆明街头经常可以看到他们母子二人在搞街拍创作。妈妈用单反相机见啥拍啥，李都则用手机进行艺术创作。

李都手机里最多的照片，一类是他视角下的昆明芸芸众生，另外一类就是他拍的一些长在意想不到的地方的蘑菇，诸如垃圾场、足球场。他最喜欢的是他在香格里拉拍的一组奶浆菌，经常一说到蘑菇，他就要拿出这组奶浆菌的照片来显摆一下。我问他为什么那么中意拍奶浆菌，他告诉我，他小时候父母的工作单位在楚雄冬瓜镇，他是在那里长大的，一到菌子季，周围山上都是奶浆菌。看了太多，也吃了太多。

1999年的一天，我和方力钧在做按摩时，方力钧突然说道："李都人很不错，现在没什么事情做，要不我们凑点钱，让他再起炉灶做点什么事？"我被按得昏昏然，想着是老朋友李都的事情，欣然应允。两个月后，一家叫"大蘑菇吧"的酒吧就在昆明金龙饭店开张了。酒吧名字是方力钧给取的，他说："你不觉得李都就是一个吃菌中毒的云南人的样子吗？"酒吧的logo据说也是方力钧按照李都提供的一张奶浆菌的图片创作而成的。

李都是昆明酒吧文化最早的倡导者，谦虚自如，善解人意，有着开放性和好人缘，自嘲为"丽江四大才子之五"。中学时代自愿成为摇滚青年，后来组织过自己的虻乐队。一次，他听唐朝乐队的演出，嘶吼一夜，又鞍前马后服侍着乐队大哥们回到酒店，累得一头栽倒在床上就昏睡过去。第二天醒过来，他觉得有一件大事没办，抱着脑袋仔细一想，原来那天是自己高考的第一天。他看了一眼手上的卡西欧电子表，考试早已开始。只得作罢，直接一步踏入江湖。

他创立的骆驼酒吧，是昆明最早具有自我风格的、真正意义上的酒吧。之前昆明的酒吧，装修风格大都像香港电视剧《上海滩》摄影棚里搭出来的场景，一束追光打在桌子上的红玫瑰，红男绿女举着一杯烟台金奖白兰地调出来的鸡尾酒晃来晃去，不像在品尝酒，更似当众表演。

直到"骆驼"开张以后，才有了一个灯光自然，座位舒适，可以在很"嗨"的音乐声中畅饮、大声说笑，甚至随地吐痰的喝酒氛围。老友叶大爹把这种酒吧风格归纳为"小、苦、旧"，大理、丽江的文艺酒吧都有这种气质，虽不豪华，却能够抓住酒客。一时间，喜欢喝酒的昆明新潮男女和居住在昆明的外国人，如上瘾一般，一到夜幕降临，必齐齐来到"骆驼"打卡。李都情商一流，逢客必称大哥，加上说一口流利中式昆明英语，他收获了侨居昆明的欧美、亚非拉一众外国朋友。

我第一次见到李都就是在"骆驼"门前高高的台阶上。李都嘴里叼着一根纸烟，手里拿着一瓶科罗拉啤酒，高昂起猫王一样的飞机头，有些蔑视地瞄着我们这些第一次来"朝拜"骆驼酒吧的有些惶恐的新客。后来，跟李都熟识起来，发现他其实没有那么傲慢。他是一个善良、热心的人，所以成了世界人民在昆明的好朋友。

李都天生有一种昆明人独特的冷幽默，前几年他把在微博上妙趣横生的文字结集出版，收获了不少女青年的芳心，圈粉无数。最近，听说他又要和另外两个朋友合作，推出一套新作，令人很是期

多汁乳菇
（奶浆菌）

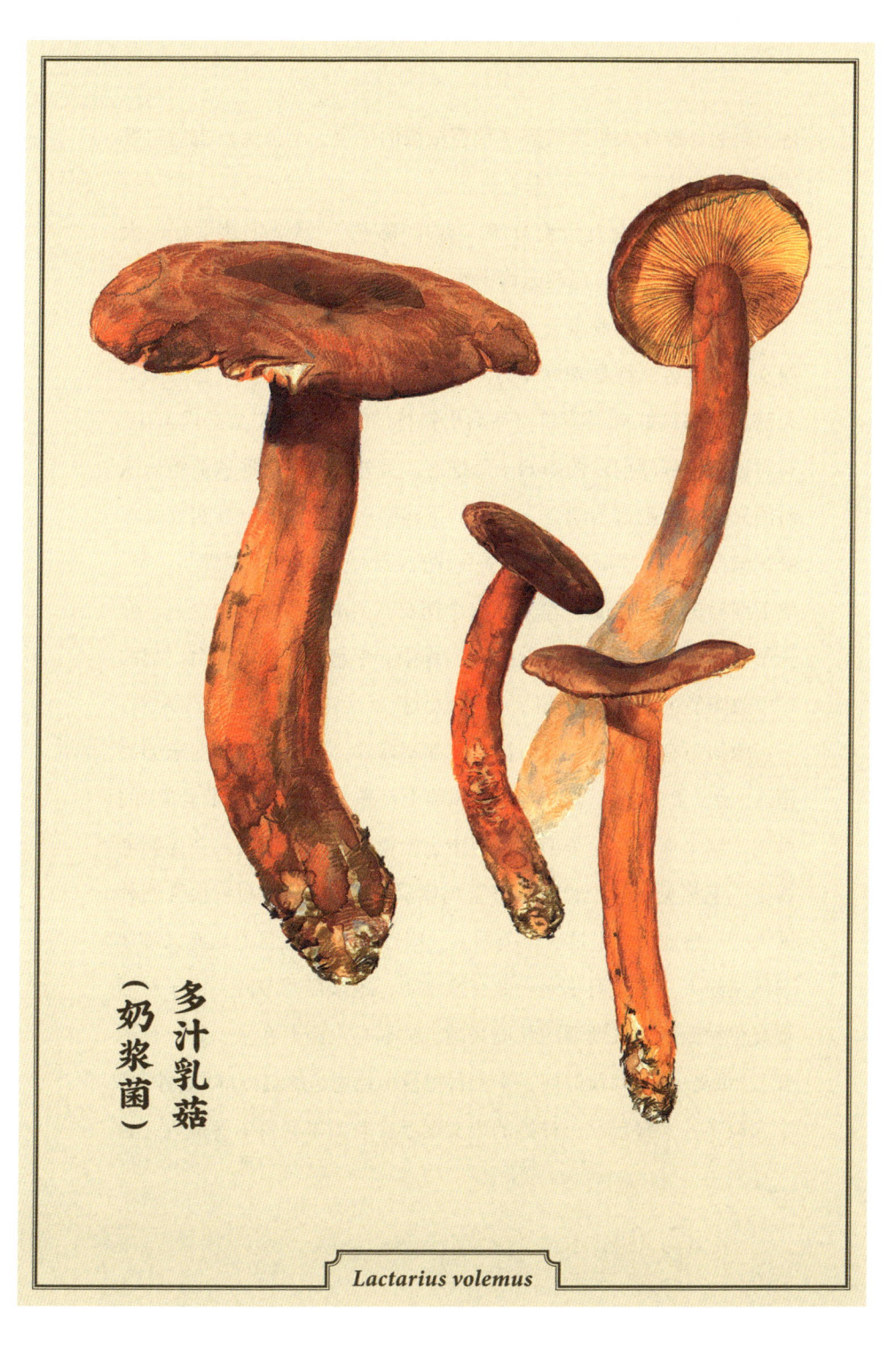

Lactarius volemus

待。当然，最令人想念的还是秋意浓浓的午夜，李都亲自去后厨煮的那一碗酸辣面，最有治愈之情。

李都后来与女友情变分手，离开"骆驼"，从此浪迹丽江、大理，结交天下英雄，遍游云南山水，直到我们支持他开"大蘑菇吧"才又回到昆明。开业当天，两类朋友纷纷杀来。一类人是李都的老朋友和老常客，都是来捧场的，但是后半夜买单的时候，已经酩酊大醉。李都只好自己签单，然后出钱打的，把他们安全送回家中，有时还要被醉酒朋友的媳妇一阵抱怨。另外一类，是他从前组乐队时的兄弟，从吧台的吧仔、酒吧的采购到后厨的师傅，其实都是一群摇滚青年。他那厨师朋友还特别讲究江湖义气，经常菜炒了一半，取下围裙扔给李都说："李哥，有个朋友有困难，需要去救个急，你先帮我盯一下。"完全不顾是否在工作中。李都只好站上灶台，把油锅里的洋芋炸好。不到两年，"大蘑菇吧"就这样"文艺"地关门大吉。

明知山有虎，偏向虎山行，李都不信邪，跟一个叫李卫东的美国人一起"中外合资"，在昆明东风路上又开了一家名为"纸老虎"的酒吧。这个李卫东是李都从昆明街上捡回来的。有一天，在昆明老街上，李都见到一个长得跟好莱坞影星约翰·屈伏塔面貌很像的外国人，一搭讪，原来是一个美国人，叫Zach，是在哥伦比亚大学读书的纽约人，正在清华大学做交换学生，跑来昆明旅游。出于对酒吧文化和云南人文地理的共同兴趣，他俩马上厮混在了一起，合资开了"纸老虎"。那段时间，李都很得意地给周边的这一群"老外"每个人取了一个跟自己一样姓的中文名字。有叫李普洱的挪威人，也有叫李火龙和李二狗的美国人。Zach有了一个极具特色的中国名字：李卫东。李卫东回到美国后，写了一本书，在亚马逊上畅销一时。凭着犹太人的聪明才智，几年的时间，李卫东就在纽约和曼谷成功开设了六七家酒吧餐厅。2020年初秋去纽约，与李卫东相约在他位于布鲁克林核心地段的威廉斯堡的All Right酒吧见面，生意异常火爆的live house国际范儿中，还是可见点点滴滴云南酒吧的基因。李卫东见到从云南到纽约来的老朋友总是十分热情，仿佛我们从昆明到了地州，每次都要张罗吃饭喝酒，完全不像美国人做派。张晓刚在纽约举办展览时，李卫东请我们在上城黑人聚居的酒吧喝酒，听最地道的布鲁斯。大家兴致高涨，一醉方休。在回酒店的汽车上，同行的美国人谢飞一直半醉半醒地叨喃："李卫东够哥们儿，完全是个云南人。"

　　李都后来又远去青岛，跟朋友合伙开了一间颇具规模的法餐厅，尽管高薪请了专业法餐厨师，还是要经常解决食法餐的青岛大哥的各种纠纷，他们会觉得法国蜗牛没有威海蛤蜊好吃。李都一气之下，北上京城，开始"北漂"生涯，最终以出品人身份出演邵晓黎导演的《我的宠物是大象》中的一角，最长的一段戏就是一板砖拍在影帝刘青云头上，一杀青便结束了他的银幕处女秀和"北漂"生涯。

　　这几年的李都，务实得仿佛从天上回到人间。节假日，陪母亲吃饭旅游，雷打不动。三接头皮鞋擦得锃亮，已经有了包浆的棕色牛皮公文包里，也不时要放上有枸杞的油腻保温杯，但是心中摇滚和文艺的火星从未泯灭。他与朋友合作创办的新果文化，解决了昆明文化艺术演出市场的老大难问题，把高质量的中外文艺演出带给了昆明观众；他与来自清迈的女友阿卿一起兢兢业业经营的"云瑞十八号"泰国菜餐厅也做得风生水起，成了昆明城中的"网红"餐厅。当年合作伙伴和大哥问我，为什么推荐李都、阿卿跟他合作，我说："李都靠谱，阿卿敬业。"

在云南的夏天，很多少数民族地区也盛产奶浆菌，各个民族都有不同的烹饪奶浆菌的做法，李都跟我分享过一种来自香格里拉藏族兄弟的烹饪方法，让我了解到了另外一种烹饪奶浆菌的奇特思路。李都与方力钧相约去香格里拉转过一次山。有一天，他们带着一个藏族小孩去山上拾菌，小孩不会讲普通话，而他们需要藏族小孩去帮他们辨别哪些是毒菌。他们跟小孩约定，遇到没有毒的菌子就点头，表示可以拾。一天下来拾了满满一大筐，回到藏族朋友家中一鉴定，接近一半的都有毒，剩下的就全是奶浆菌了。藏族朋友们把奶浆菌洗净，用手搓碎，铜锅中炒香藏香猪老腊肉丁，加入奶浆菌和酥油，炒至出汁，最终熬成粥状，撒盐和胡椒末，就可以就着糌粑一起吃了。

新冠肺炎疫情期间，我和李都同一天分别从清迈和万象回到昆明，第一时间被集中隔离在不同的酒店。生活停摆的日子里，反而有了时间在电话中从容地探讨美食。藏族朋友的这种奶浆菌烹饪方法竟与西餐烹饪方法极为相似。

李都身上一直保留了一种老昆明人接触洋人时质朴的"哈欧"气质，喜欢浸泡在具有西洋文化元素的氛围中，像酒吧、乐队、派对、西餐、嬉皮士和迷幻蘑菇，他对这些东西的拥抱，最终又是以一种本乡本土的方式。所以，即便是谈到云南奶浆菌，在他脑袋里还是要回到一种西餐浓汤的烹饪方式，才觉得刻骨铭心。

老人头松苞菇

Catathelasma laurentiu

老人头

20世纪80年代后期,国外和香港的时尚品牌纷纷进入中国内地。我那个时候是一名学设计的学生,很敏感地关注到身边追赶时髦的男女们,他们会节省下几个月的工资来买一双鞋或者一件衣衫。其实今天想来,当时所谓的名牌服装,不过是如今香港的一些过气品牌。畅销的运动鞋,倒是国外的一些运动品牌,都是一些货主从港澳自己带回到内地销售的。真正的品牌公司正式地进入中国市场,应该是更后来的事了。当时,时髦小伙都会攒上小半年工资,买一双意大利皮鞋,logo是达·芬奇的头像,品牌名是LEONARDO,其实就是达·芬奇的名字。做代理的广东人也许不知道这个logo是达·芬奇的头像,可能觉得叫"老人头"更容易推广,总之,这个"老人头"的皮鞋,成了那个时代我对名牌奢侈品的一个记忆。

从前,在云南喜欢吃老人头菌的云南人并不多。云南人叫这种菌"松杉菌"或"杉老苞"。也许，云南人对于老人头这种食材的烹制方法过于简单，而且老人头都没有入选云南野生菌的鄙视链，所以有相当一段时间，老人头菌是上不了云南人家的餐桌的。大部分的老人头菌是菌农晒干或者盐渍以后出口销售的。不过老人头菌的菌肉倒是口感筋道，广东的粤菜师傅用鲍汁烹制，是一道创新之作，所以我觉得用"老人头"来命名这种菌，也许最初是广东粤菜师傅的想法，又或许是做野生菌出口生意的广东商人起的头，因为最早在云南做这些买卖菌子的生意人也来自广东。

老人头和松茸的外表有些相似，因此许多野外采摘的人可能把野生的老人头菌误以为是松茸。松茸无毒，是可以生吃的，但是，老人头菌如果被当作松茸，采摘以后生吃，可能会导致中毒。野生老人头菌因为个体大，肉质肥厚，一般都需要先用热水焯过，再用凉水浸泡以后，才可以进行炒食，这样可以大大地避免发生吃野生老人头菌出现中毒的情况。

老人头菌菌体短胖肥硕，菌盖厚实，生长在滇中2000米以上的松杉木、油杉等针叶林中阴湿疏松的地上，在少有阳光照射且有落叶覆盖的缓坡上更为常见。老人头菌对生长的环境非常挑剔，所以无法人工培植。一般来说，老人头菌开始生长的季节为每年5月中旬，一直持续到来年的1月初。每年的8—10月，是一年中品尝老人头菌最好的时候。其肉质洁白，细嫩糯滑，富有弹性且滋味鲜美，可与鲍鱼媲美，故被誉为"植物鲍鱼"。

老人头菌含有丰富的蛋白质、氨基酸和多种矿物质及维生素，尤其是氨基酸，品种比较齐全，还富含年轻态因子。中医认为，老人头菌味辛性温，微酸，可治心脾暴病，补脾益肾，滋阴壮阳，理气排毒，有健骨强身之功效，还可治气血两亏、神疲乏力、腰膝酸软、面色无华等中老年易得之症。除此之外，老人头还是低脂肪、低胆固醇、低热量的，是天然的减肥食品。

老人头的烹制方法是多种多样的，每一种吃法都可以体验到不一样的舌尖上的享受。我个人还是觉得粤菜师傅的鲍汁老人头最能够让人品尝到老人头食材的独特口感。在如今的市场上，能买到制作得非常地道的鲍汁罐头，很多都由港澳、广东调料生产企业出品。有了鲍汁罐头，在家里烹制这道菜就非常简单了。

首先挑选比较紧实、肥厚的老人头菌，洗净并切成3~4毫米的厚片，焯水30~60秒后待用。沸水中滴入几滴花生油，将准备好的西蓝花或者云南奶白菜焯水待用。可用罐头鲍汁，加入少许淀粉，制调成一个稍稠的鲍汁芡。将焯好水的蔬菜装盘垫底，再铺上准备好的老人头菌片，浇上制成的鲍汁芡即成。也可拼入海参或者凤爪，就成了鲍汁老人头扒海参或鲍汁老人头扒凤爪。吃这道菜既能享受菌之本味，又可享受到食材的完美搭配呈现的口感。

老人头菌也非常适合用来煲汤，汤里不需要放任何的味精和鸡精，只需要少量的食盐，味道就会非常鲜美，具有补脾胃、滋阴壮阳的功效。

老人头菌若是凉拌，口感也非常好，可以说很细嫩、清爽。配料不需要多，只需要用焯过水的老人头菌配上一些辣椒、姜、蒜、食盐就可以了,口感非常新鲜爽滑,有嚼劲。

最为常见的家常做法还有尖椒炒素鲍和老人头菌炒肉片。尖椒炒素鲍的做法如下。先准备原材料:洗净老人头菌、尖椒,将老人头菌焯水,并沥干水分;另将尖椒摘去籽,清洗干净。将油锅烧至六成热,将原料投入过油,至表面水分蒸发,倒出沥油。原锅留少许油,爆香蒜片,放入调味品,勾厚芡,再将原料放入翻炒均匀,淋入芝麻油即可。

老人头菌炒肉片的做法如下。先准备原材料:瘦肉、老人头菌、青椒、姜片、大蒜。把青椒切成小段,姜和大蒜切成片。把老人头菌洗干净,切成薄片,焯水后用冷水冲一下沥水备用。把瘦肉切成片,放入姜丝、淀粉、少许盐、酱油、料酒一起调匀腌制备用。将锅里的油烧至六成热后,把腌制好的肉倒进去翻炒至变色,再逐次加入姜片、蒜片、青椒,翻炒一下加盐后,再倒入之前备好的老人头菌翻炒3~4分钟,出锅装盘即可。

小时候听戏里唱"三十年河东,三十年河西",总觉得是戏文,长大后才觉得这在生活中确实真真切切。20世纪80年代,大量的中国人选择去发达国家学习、生活。从90年代开始,许多国外的青年却选择来到中国学习和生活,成家立业,娶妻生子,完全融入了中国人的生活,并且习惯了中式的生活方式。在昆明生活的外籍人士尤为突出,他们有一个特点,就是中文都比较好,而且如果是两个不同国家的外国人,有时候会选择用作为第三国语言的中文来作为他们沟通的语言。

他们跟云南人一样，每年春天一过，就开始盼望菌子季的到来。生活在昆明的夏天（英文名 Sam）就是这样的一个"老外"。夏天说，他在还不太会用筷子的时候，就用自己惯用的刀叉品尝了鲍汁老人头，由此爱上了云南的蘑菇，也爱上了云南。我第一次见到夏天，他留着长发和胡子，远远看过去还真的有点像"老人头"logo 上面的达·芬奇形象。

1997 年，夏天以一个学习汉语的学生的身份，从老家伦敦来到天津。他觉得学校的课程很是机械呆板，于是请了假，希望能够多去中国的一些地方看看，多跟中国人接触一下。他觉得也许这种方式更能够提高他的中文水平。

他到了昆明后，发现自己非常喜欢这里。于是回到伦敦后又申请到昆明理工大学继续学习。在伦敦参加完大学毕业典礼的当天，他立马买了一张飞机票，再次回到昆明。他从伦敦带回昆明的行囊里面最重要的物品是一个非洲鼓。非洲鼓对他有非同一般的意义，他也希望更多的人能认识、喜欢上这个乐器，所以琢磨起重新制作非洲鼓的事。

他在昆明机场看到有一个铺子在卖木制的花瓶，于是他找到这个铺子在景谷的工厂，定制了 20 个芒果木的鼓体。然后自己还跑去臭烘烘的皮革市场，挑选了一些适合做鼓面的牛皮绷上去，中国本土化的第一批非洲鼓就这样制造出来了。因为夏天把这些鼓带给了云南的很多乐队和酒吧，乐手们都很喜欢这个乐器，所以一时之间，在昆明、大理、丽江乐队扎堆的酒吧里，大家都在噼噼啪啪地打着鼓。丽江卖旅游纪念品的商店老板敏锐地意识到这是一个商机，说这个鼓叫"东巴鼓"，也叫"夏天鼓"。很多文青在丽江的酒吧里学会了打这种鼓，离开丽江的时候，都会背着一个这种鼓离开，多少觉得自己有点"仗剑走天涯"的风范。其实这才是非洲鼓在中国的由来和发展的真正故事。

刚到昆明时，夏天跟久居昆明的几个"老外"编了一个《昆明指南》，因为讨论稿子时喝醉了，晕晕乎乎就给昆明文艺圈根据地的骆驼酒吧登了一个广告："金汤力每杯10元，青岛啤酒5元。"于是第二天，昆明的"老外"就填满了骆驼酒吧。这次乌龙事件虽然让酒吧亏了，但是造就了一个"世界人民大团结"的和谐共处局面。中国人、外国人频频举杯，酒兴正高时，大家相互拥抱，窃窃私语。夏天在酒吧教大家打他从伦敦带来的非洲鼓，还有一切可以打击发声的器物，酒吧气氛迅速达到巅峰。夏天就是这样开始跟昆明的摇滚乐队接触融合，这也是他日后在中国事业发展的开端。

那个时候，昆明的乐队基本上是一种地下状态，没有商业演出机会，大家因自己对音乐的热爱而聚到了一起，十分纯粹。而且这些本土乐队没有太多地受到其他地区文化的影响，还保有一种朴实的状态。这种纯粹，深深感动了夏天，他决心要为这些乐队做一些力所能及的推广工作。于是他努力经营一些可以提供演出场地的酒吧供乐队演出。

2004年，他开设了昆明第一间live house——"说吧"。后来有几年的时间，他和乐队一起混迹在北京。李都有一年冬天到北京看望夏天时,被他瑟瑟发抖的样子吓到了,因为夏天穿着的那件羽绒服,放到洗衣机里洗了以后,所有的羽绒都被甩到肘部,其他的部分已经成了单衣。看着瑟瑟发抖的夏天,李都对他说:"还是回昆明吧。"不久,夏天还是回到了阔别六年的昆明。

夏天既是乐队的推广者,也是乐队的参与者。2002年,夏天开始参与乐队的一些演出,包括一些乐队的大篷车走穴演出。他经常被当作本土乐队的国际元素来招揽观众。有一次在弥勒演出,组织方用一个皮卡车拉着他们巡街,车上大喇叭在大声宣传:"欢迎英国艺人,精彩演出就在今天晚上!"到了晚上,人山人海的演出场地中,突然有个人跳出来质疑这个说一口云南话的英国人是一个"假老外",于是观众觉得受骗了,纷纷要求退票。夏天急中生智,准备把藏在内裤里的护照翻出来自证清白,结果还是一身的白人体毛更有说服力,这才摆平这场纷争。2004年开始,夏天正式加盟了"山人乐队",既担任了乐队的鼓手,也是乐队的经纪人。

云南25个少数民族丰富的艺术资源,是让夏天觉得能够留在云南的重要原因之一。这些年他一直在跟乐队和音乐人讨论,如何吸收这些宝贵的少数民族文化遗产,将之转化为自己的音乐创作源泉。他和乐队的同伴走村串寨,寻访少数民族民间音乐传人,收集整理到了各少数民族大量的音乐素材。他们的足迹遍布云南普洱、澜沧、西盟、临沧、版纳、红河、怒江、楚雄、大理、文山等地的村村寨寨。拉祜、佤族、彝族、苗族、傣族、壮族等少数民族的音乐资源就如同一个巨大的宝藏资源库,取之不尽,用之不竭,让他们一次

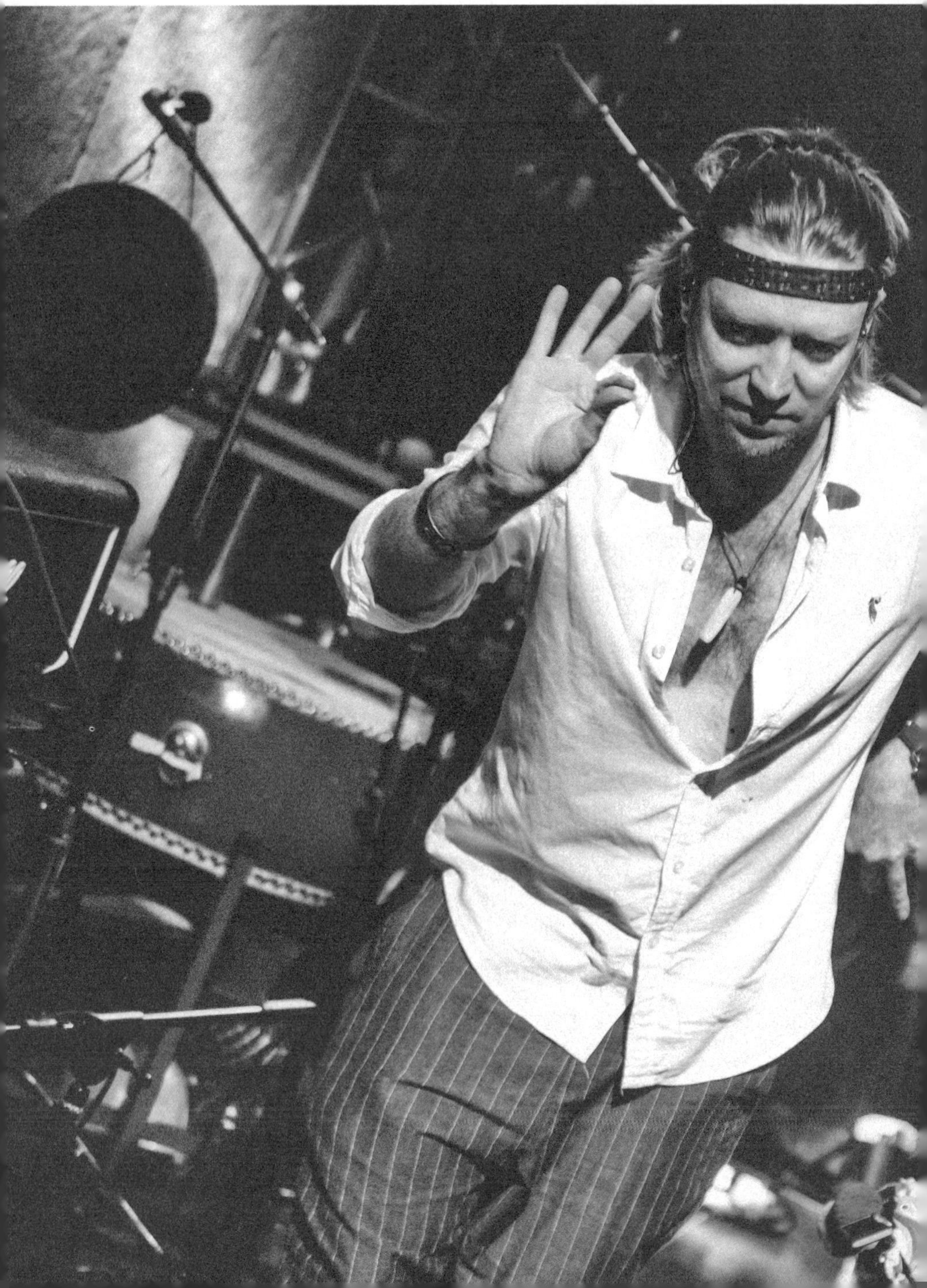

◆ 夏天与山人乐队演出,2022年,云南昆明,夏天提供

老人头

次流连忘返。

很多寨子里是第一次有外国人来造访做客，好客的少数民族兄弟一定用酒把他招呼倒了才肯罢休。所以，他常常是从这一个寨子醉着出来，到下一个寨子时酒还没有醒，热情的村民又把几大碗酒端到他面前。夏天学会了一套跟当地少数民族兄弟打交道的方法，少数民族兄弟们也喜欢上了这个会说云南话的外国人。夏天觉得跟少数民族兄弟打交道，一定要喝大酒，最好喝醉。如果不喝，人家是不会理他的。

夏天认为，云南的乐队就应该把自己的根深植在云南的大山里，那云南乐队所创作的音乐，就一定会成为世界音乐的一个重要组成部分。自从加入山人乐队之后，他就致力于把云南乐队的音乐介绍到国外。2014年，他率山人乐队到西班牙巴塞罗那演出，随后他们就开始在世界各地的巡演。这些年来，他们去了美国、英国、法国、荷兰、葡萄牙等很多国家，也去了南美洲、亚洲的许多国家，夏天成了把云南乐队的音乐传播得最远的人。

在昆明度过了若干个菌子季，但是云南人说的吃菌儿中毒见小人人的事情，他却从来没有"享受"过，他想体验一次音乐创作人希望得到创作启发的菌中毒，但是在云南怎么吃都没有中毒。他和"山人"的伙伴们真正的菌中毒，却是在遥远的厄瓜多尔。

他们到了厄瓜多尔后，发现这里跟云南几乎一样，有垂直的气候，有二十几个民族，居然有一个叫"斯瓦尔族"的民族跟云南佤族的很多生活习惯有很多相同之处，他们也热爱音乐，也有佤族一样的木鼓。在当地的酋长主持的一个"心灵鸡汤"的仪式上，首先大家要依次说出自己身体和心灵解决不了的问题，然后再喝一种用仙人掌调制的"心灵鸡汤"，接着依次用一个塑料袋套着脑袋狂吐。吐完以后，夏天觉得自己很清醒，但是当地人说西班牙语，他完全听不懂，在巫师的吟唱中一直呆坐到天明。所有人都饥肠辘辘，酋长这时候给每人一块"巧克力"，看见大家狼吞虎咽地嚼下去后，才告诉大家这是用毒蘑菇做的，于是大家的意识几分钟以后就到另外一个世界去了。

从亚马孙河谷到厄瓜多尔高原的自然景观，让这群从云南来的乐手们仿佛回到了云南。但当地的食品让他们多多少少有点难以坚持。有一天，他们在一个火山口附近发现了很多野生菌，和云南野生的老人头菌基本一模一样。于是他们就采摘了一大堆，开始用云南的方法来烹制这些野生杂菌。也许是因为海拔太高，水的沸点很低，甚至沸腾了之后手还可以放进去。这样的情况下，尽管味道很接近云南的味道了，但他们烧出来的这些菌，还是让全部人都中毒倒下。不过这次只是肠胃中毒，大家虽然上吐下泻，异常难受，但是并没有出现幻觉。

这些年夏天一直生活在昆明，除了"山人"乐队的演出，他还签下了十几支乐队，成为这些乐队的经纪人，把这些乐队和他们的作品推向国际。这些乐队的共同特点是都是云南本土乐队，都热爱云南民族文化艺术，创作的作品也是有云南特色的。他一直在坚持做一项工作，开live house为昆明的乐队提供商业演出的舞台。"说吧"到"脸谱"再到"醉归"，一个个live house，一直是云南乐队可以展现自己的舞台。

今天的摇滚音乐圈其实也越来越商业化了。夏天一直坚持开live house，一方面是为乐队提供一个演出的地方，另外一方面也是希望自己的生计可以靠经营酒吧解决，而可以不用改变自己的音乐态度去迎合商业要求，宽裕的经济条件能保持自己的独立人格和热爱音乐的初衷。

我十分欣赏夏天的这种做法。在今天的艺术圈，很多年轻艺术家早早选择做职业艺术家，难免会为生计或者过早地追求所谓"成功"，改变了自己做艺术的初衷。纯粹性是一个艺术家最为宝贵的基本素质，离开这种纯粹态度，就很容易去迎合商业的需要，那么这个艺术家的路也会越走越窄，越走越短。

我约了一个饭局跟夏天聊天，他聊起小时候在伦敦吃菌儿的经历，又让我们了解到了英伦文青们的菌中毒故事。他说在雨后的草地上经常会长出一种小白蘑菇，摘下来生吃会致幻，所以在英国，采摘或买卖这种小白蘑菇的行为就等同于接触违禁品。但是他们这些孩子钻空子满足好奇心的办法就是，看见草地上的这种蘑菇长出来时，就跑过去，不用手去采摘，直接趴在地上用嘴去吃。警察也拿这帮小孩没有办法。这是他们少年时代的游戏。

夏天说，在云南的20多年中，吃菌就从来没有中过毒。而且长大了，也不会像少年时一样，拿自己的身体开玩笑。看着眼前这个率真的英国人，除了讲云南话发音有点儿怪以外，已经觉得他就是一个爱吃菌的云南人了。

玉蕈离褶伞
（冷菌）

Lyophyllum shimeji

冷菌

如同昆明人说到干巴菌时一样,大理人说到冷菌时,也是一副身居野生菌鄙视链顶端的"傲视群菌相"。冷菌确实是一种产量极低的珍稀野生食用菌,生长于1500米以上的松林、针叶林及混交林中。人们通常认为,云南大理宾川县鸡足山出产的冷菌最佳。鸡足山是东南亚佛教圣地,山中云雾缭绕,植被茂盛。冷菌生长期间,撷天地灵气,于梵音中出禅意,鸡足山上的僧人也会用冷菌来制成素斋。但冷菌产量有限,即使在大理也很少见,很多云南人只是听说过,没见过。其实在滇西一些海拔2000米左右的地方,也出产冷菌,只是其他地区产量更为有限,且鸡足山名气太大,所以一般都认为冷菌的产区就是在这里。

每个地方对冷菌的叫法不一样,在滇西被认为比较珍贵的冷菌,在滇中地区则被称作"北风菌"。滇中一入秋,时不时地就会刮东北风，北风菌也就在这个季节开始上市。北风菌这个名字，想必是应此节气而产生的吧。滇中地区的北风菌，菌盖为扁半球形，表面呈均匀的褐色，菌褶稠密，呈白色，菌柄近圆柱，也是白色，跟鸡枞颜色有些相像。这个时候，其他菌子已经过了产量高峰期，如在菜市场里突然看见红椒绿叶中有一堆菌盖褐色、菌褶菌柄雪白的北风菌，竟然觉得长得有几分优雅。因为产量不大，并且保存运输也不是特别方便，所以北风菌并不太被云南以外的食客们知道。我个人认为，北风菌是被大家轻视了的云南野生菌家族中的重要一员。

北风菌有云南野生菌中较为独特鲜美的一种味道。秋风乍起，昆明人会把北风菌买回来洗净，用手撕碎备用。锅中热油放入云腿片略炒，加入青红辣椒碎少许，放入之前备好的北风菌炒1分钟，到出汁的时候倒入沸水，一碗热气腾腾的北风菌汤就可以抵御带点寒意的北风了。当然，用云南人传统的炒菌方式，油锅中加入蒜片和云腿片爆香，和皱皮青椒一起爆炒北风菌，也是一种最常见的烹饪方法。无论如何烹制，北风菌的鲜，是尝过之后的人一直难以忘记的。

冷菌的学名为玉蕈离褶伞，菌高通常为2~2.5厘米，盖似伞状，呈黑褐色，每年秋天为出产的季节。一入深秋，冷菌就会在气候潮湿、阴冷的土地上破土而出，而且菌根相连，群生在一起，所以民间也有"一窝羊"的叫法。冷菌营养丰富，如同其他野生菌一样，含有多类蛋白质、维生素及矿物质，并且还有较多的抗癌物质和人体必需的微量元素，被当地民众誉为鸡足山四大特产之首。据说，常食冷菌能延年益寿，提高人体免疫力，具有抗衰老和防癌作用。该菌产量极低，食用价值高，实为大理的稀有食材。《滇南草本》还有记载，冷菌还有治小便不通或不禁的医疗价值。

大理人烹制菜肴时，往往不循章法，不论是煮鱼还是炒菌，往往看自家砧板上有什么，就临时组合。有一次在一位大理朋友家，他本来要煮一道酸梅煮鱼待客，看见他夫人切了一堆茄子放在砧板上，于是抓了几把放在了鱼汤里同煮，鱼和茄子的味道竟然让人十分惊艳。

冷菌含有益气开胃的功效。凉拌、炒、蒸、煮等烹饪方法都可，嫩脆可口，味道佳美。而在诸多关于冷菌的烹饪方法中，冷菌煮鸡是最为经典的。需要准备原料：云南武定阉鸡、冷菌、腊肉。冷菌用冷水泡好洗净，鸡肉切成小块备用。等锅里的肥腊肉炼出油，就把鸡肉放入锅中翻炒，同时放生姜、草果、盐，5~10分钟后，全部装入砂锅中，加适量水，再放入冷菌，文火炖1~2小时即可。

还有一种做法是将鸡肉切成小块，放生姜、草果、盐，拌匀；再把腊肉、冷菌一起放入再次拌匀后，直接放入蒸锅中蒸2~3小时，有一种"未见其物，先闻其香"的感觉。有的喜欢重口味的人家，还会适当加一些鹤庆的"猪肝鲊"一起蒸，又是另外一种风味。

宾川当地的老人回忆，在20世纪六七十年代，农村贫穷落后，粮食不够吃，一到夏秋季节，当地村民便上山找些冷菌回来，洗净加上野菜、玉米面煮一大锅粥，不放油，也不放任何作料，吃起来也特别香。如今，随着人们的生活水平发生了巨大的变化，很多人对绿色食品、无公害蔬菜的需求越来越强烈，而冷菌生长在海拔2000米以上的高山，是纯天然的山中珍品，极具营养价值，自然站上了大理人野生菌鄙视链顶端，得到了"山珍之冠"的美名。

我自己还是喜欢大理人每次即兴的烹制方法，你不知道这次炒的冷菌，是不是跟上次一样，这完全取决于当天家里砧板上有什么样的食材，也许是用泡菜炒，也许是拿洱海里的螺蛳肉来焖。

冷菌也许是云南野生食用菌里色彩最优雅的：高级灰配白色。冷菌以云南鸡足山中出产的最具盛名，鸡足山是著名佛教圣地。藏传佛教从香格里拉传至此不再南下，小乘佛教从滇西至此不再内传，大乘佛教到此不再继续往滇西北弘法。大理是云南宗教和文化的一个特殊的十字路口，所以大理也就形成了自己独特的一种文化面貌。而鸡足山上的冷菌，也被赋予了几分仙气。

我第一次到大理，已经是20世纪80年代末。年少时听到大理两个字最多的时候，是在收音机里听到云南人民广播电台播报的天气预报，听到迪庆、丽江、大理总是觉得如天边一般遥远，因为即便是最近的大理，当时也需要两三天的车程。到了1989年，从昆明去到大理，依然还是需要一整个晚上。一夜跋涉，晨光中来到鸡足山下。一碗饵丝草草下肚，就开始向山顶进发，一直到下午始达金顶。

那一次从鸡足山下来，绕道蝴蝶泉码头，30来个人包了一条平底铁皮船横渡洱海，计划去双廊探秘。当时，双廊交通十分不畅，最方便的就是渡船。恰逢过年期间，渡船少，30来人全部挤在一条船上。船开出去，才发现因为超载严重，船两边差10厘米水就漫进来了。喧嚣的铁皮船上的人顿时鸦雀无声,所有人的眼睛都盯着随时会晃进船舱的水,一动不动地期待船赶快到岸。30分钟的路程,竟感觉是一辈子中乘坐的最漫长的一次渡船。直到船到双廊码头,每个人脚瘫手软,如释重负。

那时的双廊就只是一个公社,整个镇上只有一条街,只有一个招待所,招待所房间里一根电线吊着一个昏黄的小瓦数白炽灯泡。为了第二天上午起来从海东看苍山洱海,我们在大通铺上昏睡一夜。如今,完全没有想到当年那个小小的渔村会变成大理的一个旅游"网红"打卡之地。

此后很多年,我还是每年都会去大理数次,因为大理的山,因为大理的水,更因为住在大理的有意思的人。不知道是因为有南诏文化的传承影响,还是白族人一直有"清白传家"的传统文化,在大理的这些朋友就像大理的冷菌一样,多多少少有点仙风道骨。

有相当长一段时间,每次去大理,就会住在古城南门外的尼玛的MCA。尼玛是我见到的最早具有全球化意识的大理人。他早年在洋人街上开一家咖啡馆,发现西方人对香格里拉和西藏有一种痴迷,于是把咖啡馆起名为"西藏咖啡",把自己的汉文名字恢复为藏文名字:尼玛。尼玛的小姨妹远嫁美国后,当很多人还没有意识到"世界公民"这个概念的时候,尼玛的儿子就出生在了美国,他们夫妇成了美国人的爹妈。

如果来大理旅行的西方背包客,在他的咖啡馆教会他一种西餐菜式的地道做法,他就提供一顿免费晚餐。几年下来,他就攒出了一本地道的西餐菜谱，积攒了不少西式烹饪经验。西藏咖啡风生水起，尼玛却又看中了大理的酒店业，把咖啡馆卖出去赚了一笔钱，在古城南门外开了大理第一间国际范儿的客栈，把"YMCA"的"Y"去掉，就成了自己的客栈名"MCA"。客栈内有花园、泳池、咖啡馆、商务中心，成了那个年代大理生活方式的代表。很多艺术家和一些有意思的人来到大理，都会来到MCA慵慵懒懒地住上一阵；也有一些人一直住了下来，住成了大理人。电影导演张扬就是这样一个人。据说那些年一些比较有影响的作品，如《橘子红了》等，都是在这里构思创作的。张扬的《洗澡》也是在MCA聊出的剧本。后来张扬把MCA后面的院子租下来，做了一个叫"后院"的俱乐部，来到大理的艺术家们都会来此一聚。

20世纪90年代末，中国互联网方兴未艾。尼玛意识到一个新时代的来临，于是注册了"湄公河艺术"网站，逢人便谈".com"或是".net"。他认为，未来互联网会改变艺术作品的呈现和交易形式。大家都觉得这只是一个美好的愿望，没有人太多去跟他讨论，敷衍几句，该唱歌唱歌，该喝酒喝酒，并没有人认同他。转眼到了今天，当年尼玛那些在MCA泳池边上边喝酒边预言的互联网对未来艺术的影响，早已成为现实。

我再次来到双廊已经是10年以后了。有一天甫娘娘从大理打电话告诉我，在大理见到了一个奇人，他很熟悉北京艺术圈，是一个土生土长的大理人，能画画，会写诗。苍山云雾一起，他就一袭白衫白裤上山去，在玉带路上飘荡。女朋友背着双肩包跟在后面一路小跑，包里只有他要读的书和一个电熨斗，因为他不能接受他的丝绸衣裳起皱褶。那人平时住在洱海里某个岛上的一所大宅子里，打鱼种地，写诗画画，听起来完全是金庸小说里的某一个仙人再生。于是我们几个朋友策马加鞭马上奔赴大理，要去会会这个奇人。

果然如甫娘娘描绘，在玉几岛上见到了这个每天可以"面朝洱海，春暖花开"的白族才俊。他叫赵青，祖祖辈辈生活在双廊。据说当年杜文秀屯兵在此，双廊村民觉得自己出身跟别的村民不一样，向来有一种优越感，所以特别崇尚文化和艺术。20世纪90年代初，赵青去下关读书，觉得不能够学到他想学的东西，便卷起铺盖，北上燕京，进了圆明园画家村，成了职业艺术家。村民邻居从之前的白族老表，变成了方力钧、岳敏君等画家村的艺术家。

方力钧认为，以像野狗一样的生存方式可能才适合在画家村混下去。从小就在自然条件优越的双廊长大，赵青过了一段艺术家的波希米亚式生活，租农民房，画画，写诗，跳舞。饭是有一顿无一顿的，有饭吃的时候也找不到筷子，只有用油画笔当筷子吃饭。这种标准的贫穷艺术家生活倒让他十分兴奋。但是冬天一到，他马上面临屋里取暖的具体问题，加上作品卖不出去的窘况，一阵北风还是把他吹回了大理。

在自己家祖屋对面的玉几岛上，赵青建起了一座传统白族风格的大宅，那里就是我们和赵青第一次见面的地方。大门外面就是沙滩，黄昏时分，斜靠在门口的石阶上，遥望着苍山之上的晚霞。渔民送来刚刚捞起的银鱼，用筲箕装着在洱海里面涮一下，蘸着管家老杨调好的一碗白族风味作料，开一瓶啤酒，沧海山水间的一顿原生态晚餐就此开始。此情此景的一顿饭，让人多少有些恍然，觉得很不真实。赵青20多年以前就过上了这种乌托邦治愈系生活，今天的人大多觉得不可思议。在这座宅子里，赵青画抽象绘画，写朦胧诗歌，把这个洱海里的小岛构建成了他的一座城堡，他的诗集就叫《虚设之城》。

我那个时候在做《山茶·人文地理杂志》，是今天美国《国家地理》杂志中文版的前身。我写了一篇文章介绍赵青，也起名《虚设之城》。这篇文章可能也是最早介绍双廊的文章了，我很欣慰这篇文章会影响一些人到双廊来。某个夏日，一个刚从北京西郊宾馆游泳池里爬上来的叫"小弟"的小伙子，随手翻开一本杂志，看到了这篇《虚设之城》，不太相信会有这样的地方，于是立马动身来到大理，一住就是超过20年，其间开设了曼陀罗、焱秀阁、吉廊等一系列客栈民宿。他与广州美院毕业的"版画"二人一起，把酒店生意经营得风生水起。小弟在北京时就是文艺圈中人缘极好之人，所以北京圈子中的朋友（不乏如王菲这样的北京街坊）来到大理，他家肯定是住宿的必选之地。

赵青用他的生活方式，启发了一大批人重新调整自己的人生轨迹和价值观念。他也应该是中国最早一批"乡土建设"的实践者。在最近的20年里，有众多如小弟这样的外乡人离开自己熟悉的生活之地，来到大理，融入大理的日常生活中，重新审视和探索生命的价值。

人人都有一双发现美的眼睛，人人都能看到双廊的美。赵青在玉几岛上的"虚设之城"最终还是逃不过旅游开发商的惦记。他把宅子里的一草一物，包括用来装饰的老南瓜、干辣椒，都按照艺术品的价格打包卖给了旅游开发商，当然还包括厨房里那条共生了好几年的蛇。

收了一笔现金的赵青，带着夫人小排和儿子福儿住到了大理古城，在洋人街的上段找了一个有意思的房子住了下来，设计改造成了一个可喝酒、可住宿的"鸟吧"，成为后来20多年里大理文青们的一个传奇地标，这是后话了。那段时间我经常在古城街上看到赵青抱着出生不久的福儿，貌似过上了满足的小康生活，但总是会从他眼睛里读到一丝丝落寞。这样生活，赵青并不快乐，朋友们纷纷劝说赵青回到双廊重新盖一座房子，把自己的设计才能及价值重新唤醒。赵青在古城安逸的生活和建筑梦想之间纠结了很久，挚友们依然一次次苦口婆心劝说他回双廊盖房子。杨丽萍甚至答应送他一个巨大的风车，我也答应要送他一艘快艇，让他可以从蝴蝶泉码头横渡洱海。但他还是极其有修养地微笑着，不为所动。

终于有一天，大理的消息传来，赵青开始在双廊盖房子了。朋友们一阵欢呼雀跃，为他高兴。过了一年多，还没听到他房子落成的消息。我们相约去双廊，想看看他的房子盖到了什么程度。到现场一看，只是到砌石头墙的阶段，他完全按自己的节奏一点一点推进，要求工人按照最传统的工艺，砌缝打磨到最小，粘接用古老的方式，用糯米熬成浆做黏合剂，因此，工程进度十分缓慢。大家都觉得这是一个世纪工程，对竣工时间感到无望。记不清楚是过了多久之后的一天，赵青突然邀约大家去双廊，他的房子落成了。

新的宅子起名"青庐"。用石头、钢材、木头三种简单的材料修建而成。建材普通，胜在设计。赵青重塑了他的城堡梦。他叮嘱来访者不要走村里的道路进他家，而是把车开到停车场，他让家里工人划船接了客人，从水面上来到私家码头。这样既让大家看到了他建筑作品的整体效果，划船渔民哼着白族拉网小调，又营造出极具风格的仪式感。方管状的钢结构玻璃长廊从礁石上飞出，悬在洱海水面之上，是观看苍山洱海海西最好的一个角度。庭院面积不是很大，都是经赵青设计，层层叠叠，峰回路转，也是有一种赵氏花园的野趣。赵青重新定义了他的双廊生活模式，一时间，文化艺术圈、时尚圈、设计圈朋友纷纷飞来打卡，赵青也因自己的设计才华、多年的自我修行、别具一格的生活方式，与南怀瑾先生结缘。拜在南师门下，也是赵青一生难得的福报所在。

青庐建造起来后，给双廊提供了一种有别于白族传统民居的崭新的建筑模式。朋友们纷纷来到双廊，搞定和村里的土地手续后，请赵青设计自己心目当中的那所"面朝大海，春暖花开"的房子。一时间，杨丽萍、张扬等艺术家都在双廊最绝佳的地理位置建起了自己的工作室，风格皆为典型的赵青设计风格，依然是简单的石头、砖头、木头加上钢材，但是大气的穿门尺度，多少流露出赵青心中的王者之气。

双廊因为赵青开始慢慢发生变化，无疑，在发展双廊文化并以此为基点，利用乡村对城市人天然的吸引力带动地方经济方面，赵青为双廊提供了一种最适合它延续发展的个体样板。天生精明的白族村民懵懵懂懂之中，开始嗅到了一丝未来改变自己生活方式的气味。

赵青的青庐的构思为民宿板块融入设计元素，很多外地的楼盘和商业地产纷纷抛来橄榄枝，邀请赵青去为他们的项目做各种设计。那个时候，我在昆明经常会碰到赵青，甲方商务活动结束，夜深人静，他总会邀约老友喝上一杯。

当时载赵青的司机是一个沉默寡言的小伙子，每次见到都乖乖坐在车上等候。若干年后，长发飘飘、风流倜傥的八旬告诉我们，当年的那个小伙子就是他，我们都难以联想起来这竟是同一个人。

八旬也是双廊本地人，比赵青年轻10岁。赵青25岁从北京回来带来一种崭新的生活方式，潜移默化地影响了八旬他们这一代双廊年轻人。八旬中学毕业去了洱海里的"海星"号游船上当船员，基本只会说白族话的八旬，开始的三个月跟说普通话的员工竟然没有任何交流，觉得很是孤独。单调重复的游船工作很快就让八旬觉得难以忍受，他毅然辞工，回到双廊，帮助家里经营银鱼生意。天有不测风云，银鱼价格突然暴跌，他生意破产，欠下很多外债。八旬只能跑运输卖二手手机，想着只要能够多为家里赚一分钱还债，什么工作他都愿意去做。

赵青喜欢上这个机灵的白族后生，经常让八旬帮他开开车，或者处理一些建造房子过程中出现的问题，八旬也在当中学到了不少。赵青也有想法让八旬去帮他工作，但即便开出了双廊最高工资，八旬还是觉得难以解决家里的债务问题。于是，八旬只有继续每天干几份工作。只要有时间，他就会去找赵青，他觉得赵青的眼界开阔，

◆ 赵青在玉几岛上的『虚设之城』，1999年，云南大理，毛杰摄

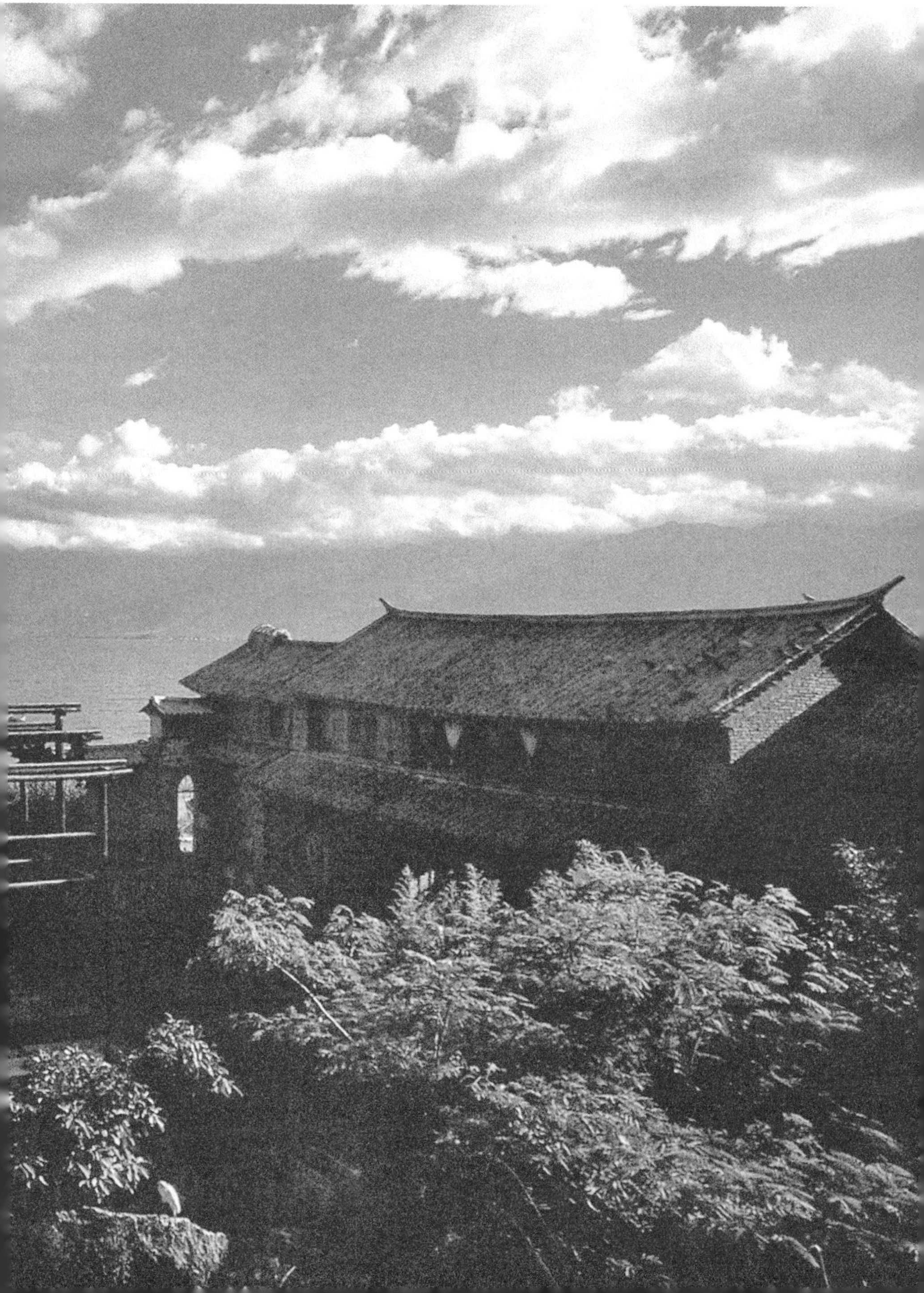

交往的人也都特别有意思，能够学到一些不一样的东西。

21岁那年，八旬认识了来到双廊盖自己的工作室"月亮宫"的杨丽萍。杨丽萍看到年轻帅气的八旬，就动员他去她正在排练的舞剧《云南映象》里面跳舞。八旬也是觉得收入不能帮到家里，就委婉谢绝了。杨丽萍每次来双廊都会把汽车停在八旬家院子里，见到八旬就会坐在门口的石阶上拉上几句家常。2003年，杨丽萍的排演工作陷于停顿，干脆住到双廊，一心一意盖房子。就在那个时候，极其敏锐的杨丽萍预感到，双廊的风景和正在建设的这些文化名人的建筑会是未来双廊唯一的旅游资源，于是建议八旬修建一个类似尼玛的MCA的那种客栈。八旬说需要四五十万，他没有这笔钱。杨丽萍说她也在困难中，等《云南映象》公演后，就支持他。两年后，杨丽萍兑现了她的承诺，借给了八旬一大笔钱，让他修建了他的粉四客栈。

八旬在双廊设计建造的第一个作品是为杨丽萍母亲修建的住宅，这是一个传统白族民居。白族人天生的对建筑的敏感和在赵青身边多年学到的实际经验，让八旬第一次试水就得到好评。从此之后，八旬就开始有了很多设计工作，既有自己的项目，也有朋友的委托。"粉四"等建筑和营业项目建起来了以后，成为双廊的网红之地，悄悄地带动了双廊旅游业的变化和发展。双廊村民们觉得这个后生是能够做事情的人，纷纷推举他做双廊的村主任。2007年，在修建"粉四"过程中，村民们选举他成为双廊的村主任。村民们朴实而又直接，觉得八旬外界人缘关系好，至少每年过年可以为村民去"化缘"，弄点过年经费，八旬也确实不负众望，在当村主任那几年，每年可以分给每家每户3000~4000元过年钱，村民们皆大欢喜。2012年，八旬还把在大理经营状况比较好的20多家客栈的老板们请来双廊，做了一个双廊公益论坛，探讨大理旅游发展之道。

随着双廊旅游业越来越好，每一户村民都享受到了发展带来的红利。一些村民觉得村主任有职权之利，一定比自己赚得多，于是有些风言风语。好在八旬并不经手财务，禁得起审计。经过这些波折，八旬通过反思还是认为，自己更适合做一名设计师。2014年，八旬向村委会辞职，专心去做自己热爱的设计工作。

之后，随着一些关于大理的影视作品热映，双廊成了文艺青年们的一个打卡地。村民建造的各种客栈应运而生。很短的时间里，双廊村里的民居比邻而建，村道自然形成了如同那不勒斯的狭窄巷道。八旬觉得这里已经成为一个陌生的地方了，于是选择去双廊后面的伙山修建一个自己的居所。伙山上面是远眺洱海最好的所在，于是他又倾其所有，在伙山之巅开始修建伙山美术馆。他把在双廊赚到的每一分钱都拿来修建美术馆，所以主体建筑修建起来之后，他本着一有钱就开工的理念断断续续地修建着，美术馆至今尚未竣工，但是工地却已经成为"网红"之地，很多游客翻越围挡，钻到建筑里大拍特拍，留下许多山水之间的绝美大片。

如果说当年赵青把文化艺术的概念注入双廊的日常生活，唤醒双廊旅游资源是这个洱海边小镇发展的1.0版本，那么八旬承上启下的一切所为，则将双廊的文旅发展方向带入了2.0版本。更为有意义的是，在最近几年，八旬经常网罗中国最好的一些建筑师、室内设计师来到双廊围炉夜话，希望他们能为双廊的发展献计献策，八旬也由此萌生了一些别具创意的想法。2022年5月，由八旬负责建筑设计，谢柯工作室负责室内设计的双廊艺术馆在双廊镇最核心的地段面世开幕，同时将联动伙山美术馆、伙山艺术家村和半山酒店，开启双廊艺术小镇的3.0版本。

自从30多年前的双廊之行，大理就如同我生命轨迹里的一个标注，不知道会反反复复来多少次。小女芯荻出生43天，就随我们开车颠簸将近10个小时来到大理晒太阳。她也由此爱上大理，每次回云南都要在大理小住几日。我们去大理也从过去10个小时的车程变成2个小时的动车。在写这段文字的此刻，我正在昆明开往大理的动车上，中午从昆明出门去大理开个会，晚上就能回到昆明家里吃晚餐，在几年以前这还是一种奢望。感叹天堑变通途的同时，我也不禁感慨大理的物是人非。很多朋友从不同地方来到大理，又去了世界的不同地方生活。我在巴塞罗那，会和当年一起混在"懒人书吧"的杨舜探访高迪的奇妙建筑；在纽约SOHO"校长先生"韩湘宁的工作室，会与当年在纽约风生水起的一代中国台湾艺术家，感慨洱海之滨的而居美术馆的前世今生。似乎在世界的每个角落都能跟大理的"乡亲"相遇。艺术家方力钧、岳敏君如候鸟一般在大理来来往往，张扬已经定居大理多年，作家野夫已经从大理移居清迈，诗人北岛住进了据说是中国诗人最集中的一个小区"银海山水间"。

2013年12月，因为张晓刚画册的编辑工作，我们一行全部住进了洱海海西的一间客栈。这是艺术批评家黄专离世前最后的一次云南之行。我们每天早晨会在洱海边漫步,夜幕降临后会彻夜谈论艺术问题;在喜洲的喜林苑天台上晒太阳,喝咖啡;越野上雪后的苍山踏雪寻梅;几天内经历了大理的四季变化,很是自在。也是在那个冬天,我们去"九月"送别即将要去鸡足山出家的歌手小孟,听他和妻子一起既含笑又含泪地悲情合唱"云在那边的天,天在那边的云……其实我们都没有明天"。几年以后,张晓刚从鸡足山发来一段视频,小孟已经是身着衲衣、目光矍铄的如诚法师。据说小孟出家不久,他的妻子小纬也上鸡足山皈依了佛门。这些年以来,太多的聚散离合构成了大理的传奇故事,完全不敢放开来一一细数。现在落脚在苍山背后凤羽镇的封新城在当年主编《新周刊》时曾经有过一期精彩的策划,叫"台湾最美的风景是人",并因此得到了马英九的褒奖。我觉得用在大理也是很合适的,除了苍山洱海,大理最美的风景不就是这些如亲如友的人吗?

  每次到了大理古城,我一定会来到洋人街的一线天咖啡馆,找到老板"老渔公",心中顿感踏实。对很多热爱大理的朋友来讲,老渔公就仿佛是自己在大理的一个亲戚。在"一线天",你很容易碰到在北京、上海久未谋面的朋友,也会经常看到一众明星在这里推杯换盏。由于新冠肺炎疫情影响,云南取消了跨省旅游,生意大受影响。走进"一线天",老渔公依然云淡风轻地边打牌边跟我谈论梅子泡酒的诀窍,仿佛早已经超越了眼前的所有。想起菌子季的时候,每晚酒酣之时,老渔公总会笑眯眯地抬上一盘喷香的油鸡㙡,而我也总会提出非分要求:"老渔公,整点鸡足山的冷菌来吃吃嘛!"

海棠竹荪

Phallus haitangensis

竹荪

　　20世纪70年代，我们能看到的电影加起来也就是十几部，反复循环看。男孩子们最爱看的就是八一电影制片厂拍摄的《地道战》《地雷战》《南征北战》之类的战争片子，尽管看了几十遍，每次银幕上片头一出现八一厂闪闪发光的军徽，还是会激动不已。在放映正片之前，一定要放映一段"加演"。加演的内容通常类似今天的新闻联播，比如，中央新闻纪录电影制片厂拍摄的《新闻简报》，还有一些科教片。为了看一部战争片，不知道看过多少遍竹荪生长的科教片，以至于一提笔，竹荪的画面一帧一帧地涌了出来，到今天都还清清楚楚记得竹荪生长过程中的那些慢镜头。

　　中国众多地方都出产竹荪。云南的竹荪形态最为妖娆，深绿色的菌帽，雪白色的圆柱状的菌柄，粉红色的蛋形菌托，在菌柄顶端有一围细致洁白犹如蕾丝一般的网状裙子从菌盖向下铺开，是森林里的精灵，真菌世界里的花朵。

竹荪又名竹参、竹笙，是寄生在枯竹根部的一种菌类。香味浓郁、滋味鲜美，历史上被列为"宫廷贡品"，经常作为国宴名菜，被誉为"菌中皇后"一点也不为过。1972年尼克松访问中国，周恩来总理为他举行的国宴上，确实有一道芙蓉竹荪汤。随同访华的国务卿基辛格把此事写进他的回忆录中，从此"芙蓉竹荪汤"随《基辛格回忆录》一起名扬四海。

竹荪在云南的产地多、产量大，喜欢食用野生菌的老饕们认为竹荪并不是野生菌食谱中的重要一员。每每有人提到竹荪，他们会很轻蔑地说："哦！竹荪嘛，宴会菜嘛！"在老云南食客的观念里，宴会菜只是请客的人考虑自己的面子和桌上的样子，因为一般家庭烹制出来的竹荪，确实不会有什么惊艳的地方。

竹荪对生长环境的要求极为苛刻。从温度方面来说，最适合菌丝生长的温度为20~23摄氏度，温度过高，竹荪就会停止生长；温度过低，则发育减慢，并会出现萎缩或畸形的现象。竹荪生长对湿度的要求也不低，菌丝生长阶段，土壤含水量需处于60%~70%，含水量过高或者不足都会抑制其生长，甚至使其窒息死亡。除此之外，竹荪属好气性真菌，所以竹荪需要充足的氧气，没有足够的氧气，其生长就会减缓甚至会死亡。

竹荪为竹林腐生真菌，以分解竹根、竹叶的残体等为营养源，喜欢偏酸性的生长环境。其菌丝能利用许多纤维素、木质素，在适宜条件下，竹荪原基经过一个多月生长，原基形成菌蕾，状如鸡蛋，民间也叫"竹荪蛋"。当竹荪蛋顶端凸起如桃形时，在某一个晴天的早晨凸起部分开裂，竹荪会先露出菌盖，菌柄继而延伸；到中午时，柄长到一定高度会停止伸长，菌裙从顶部渐渐由盖内向下展开。如果下午四五点还没有被采摘，菌盖孢子成熟并开始自溶，滴向地面，同时整个子实体萎缩倒下。野生竹荪长成子实体，在自然界大约需要1年时间，但是其采集时间仅有几小时，这是竹荪味道最鲜美的时候。

竹荪入馔，始见载于唐代段成式《酉阳杂俎》，后南宋的陈仁玉《菌谱》、明代潘之恒的《广菌谱》等均有记载。清代《素食说略》"竹松"条记载较详："滚水淬过，酌加盐、料酒，以高汤煨之。清脆腴美，得未曾有。或与嫩豆腐、玉兰片色白之菜同煨尚可，不宜夹杂别物并搭馔也。"中国人对于烹制竹荪的研究由此可见一斑。

在烹制竹荪佳肴的众多方法中，最为经典的做法当属云南农家竹荪煲鸡汤，土鸡与竹荪的完美搭配是任何一位食客都绝不可错过的。原料并不难找，一只云南武定的阉公鸡或阉母鸡、10根左右竹荪、几段大葱、几片生姜、2个草果、2汤匙料酒。将土鸡洗净斩成块，放入开水中焯烫一下捞出，竹荪用冷水浸泡洗净，待用。将鸡块及配料放入将油烧热的砂锅中，爆炒至鸡块表皮变黄，一次性倒入足量清水，待汤沸腾后，转小火煲1小时。趁煲汤的间隙，将竹荪切去头和尾部的网，放入温水中焯烫20秒钟，去除竹荪的生涩味。捞出后，用冷水洗净，放入汤锅中，继续煲30分钟，最后放入食盐调味即可。

云南另外一种珍贵物产普洱茶，和竹荪有异曲同工之妙。生长在高山之巅的茶叶采摘后，经过精制为饼、砖、坨状储藏数年，几经陈化，方可享用。

云南红河一带，当地山区环境清洁、土壤肥沃、气候适宜，所以此处出产的竹荪品质上乘。提到红河，大部分人都会说起元阳的哈尼梯田，每年冬天确实是一年当中观看这一世界文化遗产最好的时段。那段时间，梯田灌满了水，如同一面面形状奇异的镜子环绕镶嵌在山峦上，正逢云南天色最好的季节，水天一色，甚为壮观。进入春天，开始有雾有雨了，整个梯田和山峦与雨雾构成了一幅水墨山水画。到了山中，浓雾中的竹海影影绰绰，犹如仙境一般。

普洱茶人邹家驹，在红河的山巅自己设计、建造了一所房子。他经常在这样的天气，招待从外地来红河的朋友。酒过三巡，不管是喝酒了，还是没有喝过一滴酒的，客人们都觉得醉了，因为他们发现自己慢慢地置身雾中，连桌上的菜和身边的同伴都渐渐看不清楚了。原来邹家驹为了追求真正的原生态、零排放、环保节能，只在睡觉的屋子加了门窗，其他房间都只有门框、窗框。客人们在浓雾笼罩的餐桌上对着他喊道："老邹，你咯是吃菌闹着了？"听起来好像在嘲弄他，邹家驹其实知道，这是对他的勇气和生活方式的一种赞许与羡慕。

邹家驹是云南中生代的资格茶人，现任云南省茶叶协会会长。20世纪70年代末，他从云南大学外语系毕业后分配到云南省外贸局工作，后转至云南茶叶进出口公司工作。在那个年代，茶叶的进出口业务是云南外贸的重点项目，精通英文的邹家驹很快成为公司的业务骨干，从业务员升到了总经理。他以自己的外语能力和专业知识拓展了各大洲客户，并且开拓了国内的云南茶市场。他在普洱熟茶加工工艺的革新改进上也做出了很大贡献，他主持从英国引进了CTC生产设备，让云南CTC的红碎茶打入了欧洲市场。历史上，云南普洱茶有很多供外销的精品茶，比如销法沱、南天定制普洱，这些都是出自他的手笔。后来外贸机构改制，1999年由他出任云南茶苑集团股份有限公司总经理。可以说，他完整参与和见证了云南普洱茶的复兴过程。

90年代之前有很长一段时间，云南的普洱茶基本是粤、港茶叶市场的宠儿，云南的茶叶主要销往云南以外的地方，昆明唯一的茶叶市场，主要都是卖外省客户。云南人一直喜欢喝每年春天新鲜出产的春茶，甲级"滇绿"是待客喝茶的最高礼遇。每家都会有几个茶区的亲戚朋友，每年都会收到一些不同地区的春茶，等这些茶叶喝得差不多了，第二年的茶树也开始发芽了。

小时候如果哪一个小朋友家喝沱茶、砖茶，就会遭到小朋友的鄙视，要么这家是外省人，要么这家人缘不好，都没有人送茶叶。家里要是来了重要客人，父母就会差孩子："去买一包甲级滇绿回来。"因为沱茶、砖茶是卖到边疆或者广东、香港地区的"边销茶"，已经超出了我们日常喝茶的认知范围。后来知道云南的红茶、普洱茶都很不错，但是觉得是卖给外省人的茶叶，跟我们没有多大关系。

1988年底，台湾正式开放大陆同胞赴台探亲、奔丧，两年后一个台湾的艺术媒体朋友介绍了一个台湾商人找到我，希望由我带他去寻一些老普洱茶。我第一次做了一下普洱茶的功课，知道了云南茶叶进出口公司几十年以来一直把我们不太待见的那些茶叶卖到香港，随后，香港茶商又把茶卖到台湾，甚至卖到美国、欧洲，因此海外和港台的华人一直保持喝普洱茶的习惯。但那时，找遍昆明都找不到集中的普洱茶交易市场，不过，正好我的嫂子当时在云南省经委茶叶办工作，介绍我们去茶叶进出口公司在杨方凹的一个仓库。当时仓库里有云南各大茶厂各个年代的生茶、熟茶，最老的茶大约是80年代中期的。随行的大姐说，整个仓库应该几万块钱就可以一锅端。台湾商人觉得茶叶太新，可能是想来找找民国时期的老茶吧，就随便买了一些意思意思。多年后，普洱茶天价，想想当年的那一仓库普洱茶，顿时觉得好像跟几个亿擦肩而过了。自己对自己说了一句："当时难道是被菌闹着了？"

2000年以后，发现身边喝普洱的人渐渐多了起来，而且这些人都变得很懂普洱茶了，从产地说到制茶工艺，从外包装说到内扉。喝的茶动辄就是"文革砖"，一高兴就喝到了"宋聘号"。有几年，在外喝茶不太敢说自己是云南人，因为信息太多，都不知道怎么接。更不敢说，其实我太太就是"茶二代"，因为她父亲几十年服务于昆明茶厂和茶叶进出口公司，是邹家驹的老同事，也是亲历了普洱茶发展的沉沉浮浮。2006年以后，普洱茶价格开始飙升，而且有些产品成了茶叶市场里的金融产品，成为资本运作和理财的工具，早已经跟茶叶本身没有什么关系了。

邹家驹在普洱茶这个行当的年头和经验成就他在普洱江湖的特殊地位。本来他可以一心一意把他的"邹记"品牌做得风生水起，突然有一天，他成了普洱茶界的一个老"愤青"，炮轰普洱江湖里的一些乱象。一石激起千层浪，引起普洱茶市场的轩然大波。他首先提出熟茶才是普洱茶这一颠覆性的概念，茶商们群起而攻之。他们愤怒地说："老邹怕是着菌闹着了！"紧接着他提出普洱茶并不是"越陈越香"。邹家驹认为，普洱茶的存贮需要一定的条件，而且有陈化周期的限制，存放条件得当，只要几年时间口感就会非常好了。随着时间推移，茶物质其实会衰减。

精明茶商们效仿法国红酒品牌，把产量固定到很小的葡萄园，生产出天价葡萄酒的模式，把茶树产区、老树茶、野生茶的概念发挥得淋漓尽致，此时，邹家驹提出反对，他认为市场盲目追捧老树茶除了制造概念，并无益处。一些年代很久的老茶树，生命依然旺盛，茶叶品质优良，但茶树和任何生命一样都有生长、旺盛和衰退的周期，茶树也并不是越老茶叶品质越好。很多商家炒作野生茶树的概念，把野生茶卖到了天价。邹家驹指出，没有经过人工驯化的纯野生茶树的叶子，往往为了抵御虫害而含有毒素，饮用风险很高，曾经发生过中毒事件。野生茶存在的意义只有两点：证明茶起源于云南；在茶树选种、育种上能找到可供利用的基因，除此毫无意义。

大约2003年，从广东开始，一些炒家开始炒普洱陈茶，慢慢蔓延到昆明。我身边的一些同学看到日渐暴涨的茶叶价格，不管是教师还是公务员，都纷纷开始每年买上一两件茶，期望以后升值。邹家驹在众多场合指出，过去的普洱茶之所以能够天价卖，是因为过去没人把普洱茶当高级东西，所以存世非常有限，有炒作的机会。而如今，很多人都在家里大量存茶，今非昔比，未来价格拉升的空间估计有限。近年来，他对一些国内茶商储藏茶叶的所谓"干仓理论"嗤之以鼻。邹家驹指出，干仓储存违背基本原理，普洱茶的陈化来源于微生物的作用，没有水分是不可能的，炒作这种伪概念属于欺骗消费者的行为。

他的这些言论确实是动了别人的奶酪。一时间，普洱茶江湖很多人杀了他的心都有，尤其在广东的成熟市场和北方刚刚发展起来的市场。中国茶界，对他的说法也是褒贬不一，不过，他始终是个话题人物。云南人还是比较"佛系"，首先，觉得这些是一种学术争论，其次，对于他的经验和地位也还是持肯定的态度，在新的一届茶叶协会的选举中，他还是当选了会长。邹家驹依然不紧不慢地在不同城市的"邹记"普洱茶专卖店卖他的茶，传输他的理论。他常常舌辩群儒，我经常半夜看微信上他和不同意见者辩论、识别所谓"老茶"的对话而笑醒。

邹家驹对云南茶叶做出的贡献，是有目共睹的。从市场开发、工艺提升、设备改进，以及出口标准的完善，他都是积极的参与者。如今他又以一个批评家的态度，纠正行业的方向。他不止一次在演讲中提过这个概念："我们已经错过了红茶的世界话语权，还要错过发酵茶的世界话语权吗？"这难道不是一个云南茶人应该拥有的格局？

这些年在台湾、香港以及上海确实喝到过一些来路明确、储存尚好的老茶。但更多的时候，我还是以作为云南人的良知，劝导初喝普洱之人，婉拒来路不明的老茶，而去选择喝一些出产明确的普洱熟茶。一是身体对生茶刺激的接受程度已经到达底线；二是对食品安全追溯的放心。这些改变多多少少还是跟邹家驹多年的苦口婆心有些关系。

去年春末，我在建水罗旭的"蚁工坊"见到了邹家驹，他开两小时的车专程给老朋友罗旭送几个桃子和香蕉。这些水果都长得歪瓜裂枣的，但是水果的香味，就是童年记忆里的那个味道。他拿来的一包水果，风卷残云般就没有了。

最近几年，邹家驹因为身体器官结石的问题，探索出一种新的生活方法：他搬迁到红河山村一边做茶，一边生活。喝的水是自己收集的雨水，吃的菜是老乡自己用农家肥种的菜，鸡和猪都是老乡放养的。结果，在澳大利亚和昆明大医院都治不好的结石居然消失了。所以他在高山之巅盖起了这个"浓雾筑"。

Ganoderma lingzhi

灵芝

　　2006年，我从居住了几十年的昆明城区，搬到了城郊的鸣凤山麓。这里是昆明森林覆盖状况最好的区域之一，堪称昆明城市的肺。因为四季气候温暖，昆明的树大多会是常青的，但我却格外喜欢四季分明的植物变化，所以选择了一个有四棵会落叶的滇朴的院子，每棵滇朴至少有几十年的树龄。我喜欢看这种本地树种格外优雅的枝干，更喜欢夏日树影的婆婆娑娑和秋天枝叶的片片金黄。突然有一天，我发现在一棵滇朴树接近土壤的树干上，竟长出了一组灵芝。可能是长在树干上，它的颜色也是跟树干表面很接近。这组灵芝就这样与滇朴相伴相生了十几年，有一天，我觉得它已经有点木化了，于是掰了下来，与一种叫"空气凤梨"的植物做成了一组盆景摆件。不料，第二年在同样的地方又长出了更大一组灵芝，一直到今天这组灵芝还在我家树上生长着，不觉又生长了好多年。

说起灵芝，中国人的认识主要来自《山海经》中的神话故事，炎帝幼女"瑶姬"精魂化为"䔄草"，即灵芝。虽说是菌类，但灵芝这种能化腐朽为神奇的生灵却拥有木的神韵，在乱草间、腐木上，它们坚硬的躯干总生得壮硕宽厚，用时间年华滋养出一派傲世气度。古往今来，上至帝王将军，下至普通百姓，拜信灵芝，奉灵芝为至宝。在《白蛇传》中，白娘子为了救许仙的性命，不辞辛苦地偷取灵芝，这个故事在中国家喻户晓，"仙草"的概念由此深深扎根于人们的心中，灵芝食后可以长寿，甚至返老还童，在百姓心中一直是自然的神话符号。

从战国开始，道教神仙之学盛行，灵芝被视为"瑶草""仙草""还魂草"，为长命百岁，王侯将相开始漫长的求芝延年行动，历经一个又一个朝代依然痴心不变。此后，长生之道破灭，一条食用灵芝的养生之道却被探索出来。

在中国古代艺术作品中，灵芝也是重要的创作元素。灵芝风姿独特、珍贵难求，被演绎为"如意"，成为中国历史特有的祥瑞物。所以今天人们谈论起灵芝，其实更多是在谈论中华传统文化。几千年来的传统文化的积淀，让我们对"灵芝"的理解，演变成一种信仰情感。

全世界有野生灵芝200多种，中国主要生长在云、贵、川、藏等地的高山原始森林之中，灵芝菌柄红褐色至黑色，在其未成熟时菌盖边沿有一圈嫩黄至白色生长圈、成熟后消失并喷出孢子粉。每年喷孢子的时节，我们家里总是有一层咖啡色的孢子粉，头天刚清理干净，第二天又是一层。我年少时，在昆明看到很多从迪庆来的藏族康巴汉子，他们穿着镶有老虎豹子皮的藏族传统服装摆摊售卖野生灵芝，据说是非常名贵的中药材，小孩子们只觉得特别好奇，灵芝颜色很丰富好看，表面像涂了一层光油，怎么看都有点像工艺品。我一直到后来读书才知道灵芝是名贵的药材，但是现在的中医师似乎用灵芝入处方并不多见。

具有极高药用价值的野生灵芝，其吃法也大致与中草药服药方式差不多。最为简便的方法就是灵芝泡水。把灵芝剪成碎块，放在茶杯内，用开水浸泡后当茶喝，边泡边喝，通常一朵干灵芝泡1杯，可冲开水喝一天。如果有煎中药的条件，也可以用灵芝水煎。将灵芝剪碎，倒入药罐内，加水煎熬，通常煎服3~4次。也可连续水煎3次，装入温水瓶慢慢喝，每天喝多少并无限制。

灵芝泡酒，则是很多云南人家的选择。将灵芝剪碎倒入瓶中，选用高度高粱白酒密封浸泡，白酒变成棕红色时方可饮用。也可根据自己口味，加入一些冰糖或蜂糖调味。也有的人家会在灵芝酒中加入另外一些草药泡成治疗性质的药酒。

将灵芝做成药膳也是一种传统的烹饪方法，如灵芝红焖黑山羊。取灵芝50克，黑山羊500克、料酒、精盐、红糖、味精、葱段、姜片、酱油、干辣椒段、菜籽油适量。将黑山羊肉洗净切块，倒入煮沸的水锅中焯水捞出再洗净，灵芝洗净切片。锅中倒入菜籽油，烧热加葱姜煸香，倒入羊肉、水、料酒、红糖、味精、精盐、酱油、干辣椒段、灵芝。汤水烧沸，改用文火炖至羊肉熟烂，出锅即成。

在秋冬时节食用灵芝和羊肉，能增强身体抵御疾病的能力，两种食材的最佳搭配，除了补气安神功效，还能中和羊肉的腥膻，是一道适合秋冬季节的药膳佳肴。

自秦汉以来，中国的石刻、雕塑、绘画中大量出现以灵芝为元素的创作。以灵芝菌盖肌理云状环纹演化出来的"灵芝云"，也被称为"庆云"，已经成为中国传统装饰纹样，被广泛运用于建筑等各艺术门类，如天安门的华表上就用这种纹样进行装饰。这种纹样在一代代艺术家的石雕、木雕创作中还被演绎为"如意"，成为中国历史特有的吉祥瑞物。灵芝作为真菌中的一员，除了传统医学和民间的祥瑞之说外，始终是联结生物世界与中国传统艺术创作最重要的元素之一。我不由得想到我敬仰的曾孝濂先生，他的存在，就犹如一朵灵芝，用他的一生联结了自然与艺术创作。

有次曾孝濂先生来电话说，植物园的杜鹃正在盛开，如果有时间，可以一起去看看今年的杜鹃。我放下手上的事情，驱车来到昆明植物园，跟曾老师夫妇一起漫步杜鹃园，观赏来自云南各地的高山杜鹃。

曾孝濂先生一生服务于中国科学院昆明植物研究所，参与了《中国植物志》等一系列国家重点项目的植物图谱绘制工作，退休之后，成了专业博物画家。因为他杰出的工作贡献，被誉为"中国植物博物画第一人"。曾先生还为中国邮票总公司设计了多达10多套的动植物主题的特种邮票。他的很多粉丝是从邮票或是董卿主持的节目《朗读者》里开始认识曾先生，而喜欢上他的作品的。

灵芝

Ganoderma lingzhi

曾先生是一个特别希望"菌中毒"一次的人。每年菌子季来临，曾先生都会说，他就想被闹着一次，不然研究、描绘了一辈子云南的植物、真菌，没有一次菌中毒，实在是一种遗憾。有时中毒后还会带来一些创作灵感呢！他在由云南美术出版社最新出版的大型作品集《极命草木》里，为所画的野生菌作品做注释写道："云南的野生菌长得俏，看着美，各是各的味道永远不相混。野生菌是乡愁，一想到它就想起家乡的山山水水，家乡的父老乡亲们。"一个老昆明人对于野生真菌的情感，可见一斑。

2021年9月在昆明当代美术馆举办了他的"一花·一鸟·一世界"个人作品展。展览开展之前，曾先生把近三年创作的全部作品，移交给美术馆开始布展工作。几天以后曾先生在翠湖边的寓所因为顶楼水管爆裂，被全部淹了。所幸作品安全，否则难以想象曾先生将如何接受这灾难一般的事实。事情发生后，曾先生夫妇索性搬回到工作了一辈子的昆明植物研究所，借住在专家公寓的一间斗室，既居住在此，也开始《诗经》中的植物的主题创作。曾先生觉得时间宝贵，已经不愿意为生活琐事浪费一分一秒了。

2019年9月，昆明当代美术馆举办了名为"花花世界——曾孝濂"的个人作品展览。美术馆现代简约的空间，被真实的花草植物布置成了四季花园，与悬挂在墙上的曾孝濂的作品相映成趣，亦真亦幻。观者近距离欣赏到近百件作品，从中体验到艺术家与植物面对面的呼吸。

曾先生在准备这个展览期间，突然检查出来罹患癌症。展览开幕之际，正是他手术后留在北京疗养恢复的期间。他遗憾地缺席了自己十分看重的在家乡的个展。只能通过视频和图片，参与和了解自己的这个展览。每每朋友们跟他转述展览盛况，都能感受到他心中的那份缺憾。所以再为曾先生精心策划一场展览，成了美术馆全体同仁义不容辞的一个愿望。

曾先生从北京返回昆明之后，愈发加大了工作力度。清晨起床开始工作直至深夜。我经常在午夜时分收到他的工作微信，知道那个时间他可能才结束一天的绘画工作。手术之后的两年时间里，他潜心创作出了一百多幅植物和鸟类博物画，实在令人叹为观止。他感叹道："希望苍天能给我五年画画的时间，我还有好几个系列作品要画。"听者几近泪目，只能在心底为这位与时间赛跑的老艺术家默默祝福。为曾先生这个展览做策展人，也是我义不容辞的责任，希望能够做一些力所能及之事，向先生所做的一切致敬。

2019年9月，伦敦泰特不列颠美术馆（Tate Britain）举办了名为"威廉·布莱克：艺术家"（William Blake: The Artist）的展览。威廉·布莱克是英国文学史上开创了英国浪漫主义诗歌的伟大诗人，同时还是一个伟大的版画家，他的长诗《天真的预言》（Auguries of Innocence）里开头四句诗，被丰子恺、王佐良、宗白华、徐志摩等大家翻译成中文。我特别喜欢宗白华的译文："一花一世界，一沙一天国，君掌盛无边，刹那含永劫。"多年以来，这四句诗也是最广为流传的。

先生一生，做一件事，画花画鸟。他甘愿做一个平凡的昆明

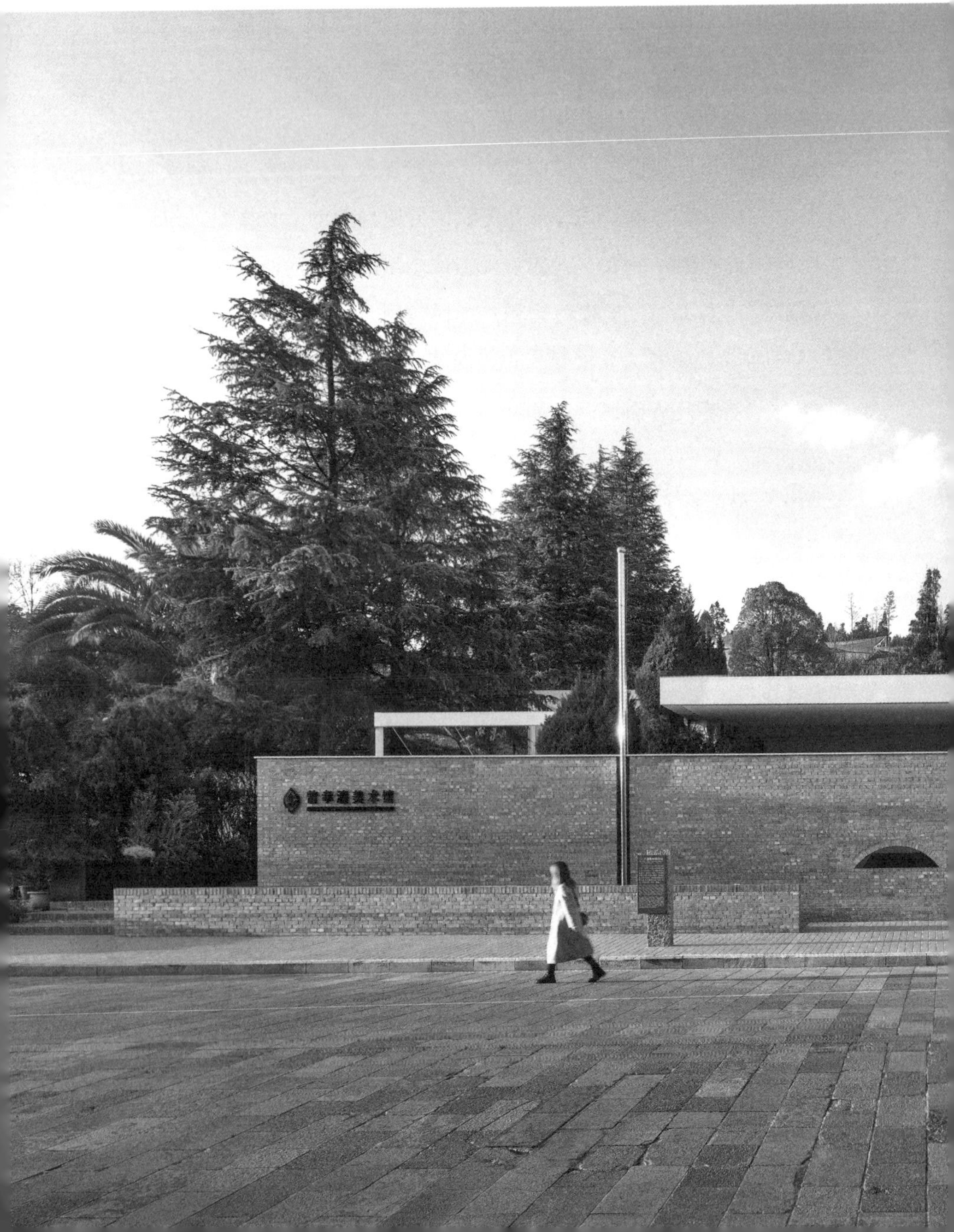

◆ 曾孝濂美术馆,2022年,云南昆明,王策摄

灵芝

人，在一个地方，一个单位工作生活，一生从容地活在了自己的世界里。所以当我在策划这个展览之初，脑海里第一时间就闪现出"一花一世界"这句诗，一辈子面对花花鸟鸟，不就是曾先生的整个世界吗？加之冥冥之中的巧合，威廉·布莱克和曾先生的展览在地球的东西两个城市同时间举办，这种神秘力量，让人异常兴奋，把曾先生的这个新作展名定为"一花·一鸟·一世界"，我认为是再恰当不过的了。更让人兴奋的是，适逢《生物多样性公约》缔约方第15次大会召开，1999年昆明世博会昆明世博园园址被华侨城接手以后在"城园融合"的规划下进行提升改造，在一群热爱曾老师和他的艺术的朋友们努力下，用了三个多月就在原来的巴基斯坦园和越南园的旧址上，建立起中国第一个专业博物画美术馆——曾孝濂美术馆。把曾先生的作品留在了故乡，把他的艺术作品永世留给了后人欣赏。刚有自己的美术馆，曾先生马上想到的是，把中国一直坚持博物画创作的艺术家集合到曾孝濂美术馆，自己筹资举办了名为"原本自然"的博物画邀请展和艺术家创作论坛。让多年默默耕耘的艺术家们找到了一个可以学习交流的家。

与曾先生走在杜鹃园的小山坡上，他为我一一介绍不同品种的杜鹃。看见特别的花型或者色彩，他就会拿出手机，钻到花枝下面爬着或是躺着构图拍照，为以后的创作收集素材。突然聊起我们家院子里的灵芝，曾先生很肯定地说那是木灵芝。于是我们开始慢慢探讨云南不同地区、不同种类的灵芝的形态、作用，甚至谈到中国古人对灵芝的认知。曾先生认为无论是植物世界的花开花落，还是灵芝世界的孢子授粉，都是这些生命自身修复、循环共生的能力。灵芝在中国传统文化里的各种传说和视觉描绘，其实精神作用大于药理作用。

香港中文大学文化艺术中心的熊景明老师曾经写过一篇介绍曾先生的文章，称赞他是一位谦谦君子。最近几年，随着一些重要的媒体对曾先生进行了不同程度的报道，接踵而来的是大量的媒体采访要求和一些机构的合作邀请，还有一些同行要来跟他学习技法。曾先生毕竟已是耄耋之年，还做了大手术，但是谦谦君子很难开口拒绝别人的要求。他总是认为，如果他的一次访谈，或者一次绘画的示范能够帮助到别人、辛苦一点也无所谓。但是很多人并不知道，曾先生是靠每个晚上两次的安眠药才能维持4~5个小时的睡眠。早上6点多钟，他就又开始戴上修理钟表的放大镜，开始伏案画他的花、他的鸟了，这样的状态一直会持续到午夜才结束。所以，后来我们跟植物所办公室同事一起，替他回绝了很多访问。一方面是心疼老人家，另外也是希望多留一些时间给他自己。

20多年前，曾先生的作品分别被浙江自然博物馆和来自日本的一些收藏家收藏，以致曾先生自己都没有保留那个时代的重要作品。后来创作的作品，曾先生也基本没有考虑作品的出售问题。他想把有生之年创作的这些作品系统地保留下来，不留遗憾。很多艺术家、收藏家朋友通过我表示希望收藏他的作品，都被曾先生婉言谢绝。现在，曾先生到了这个年龄，艺术观、价值观就更纯粹了，也更令人景仰了。

中国古代皇帝们笃信灵芝是可以让自己生命永生之物。而历朝历代寻找灵芝的高士们其实早已将灵芝的永生概念上升到一种"天人合一"的精神层面。曾先生也笃信人类起源于自然、依赖于自然、命中注定与自然良好沟通、和谐共存。多年来，他对生物的研究、观察、描绘，就如同在寻找他心目中的那一朵灵芝，早已超越了科学研究和艺术创作。

曾先生一生生活、工作在生物多样性最为丰富的云南是他的宿命。生物给地球带来生命的循环，也给生命带来了美和智慧。对一生描绘植物与探寻生命奥秘的曾先生来说，这一切就是他的宗教，他的世界。

蕈海撷英

1972年，臧穆先生进入中国科学院昆明植物研究所工作。曾孝濂先生与臧穆先生开始了长达四十多年的友谊。1975年，曾孝濂先生配合臧穆先生的研究，绘制了他的第一幅关于真菌的博物画。臧先生每当发现菌子的新种，总会异常兴奋地把采摘到的菌子送到曾先生面前，曾先生也总是画得乐此不疲，兴致盎然。我们在这个单元将曾孝濂先生从1975年以来创作的真菌题材的画作集中展示，是曾先生真菌题材创作的系统呈现，也是向中国西南真菌学研究开拓者臧穆先生的一种致敬。

真根蚁巢伞
Termitomyces eurrhizus
※
化学滤纸上水粉
60 cm × 23 cm
1976

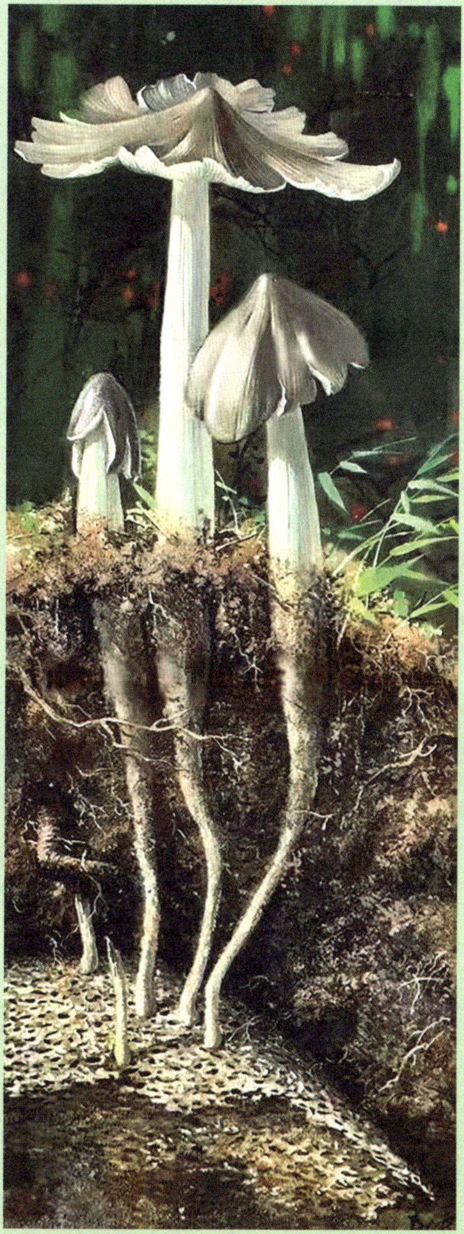

云南野生菌手稿
※
纸上综合材料
18 cm×24.5 cm
20世纪70年代

※
枝瑚菌
Ramaria
黄肉牛肝菌
Butyriboletus
乳菇
Lactarius
变绿红菇
Russula virescens
灵芝
Ganoderma lingzhi
红菇
Russula

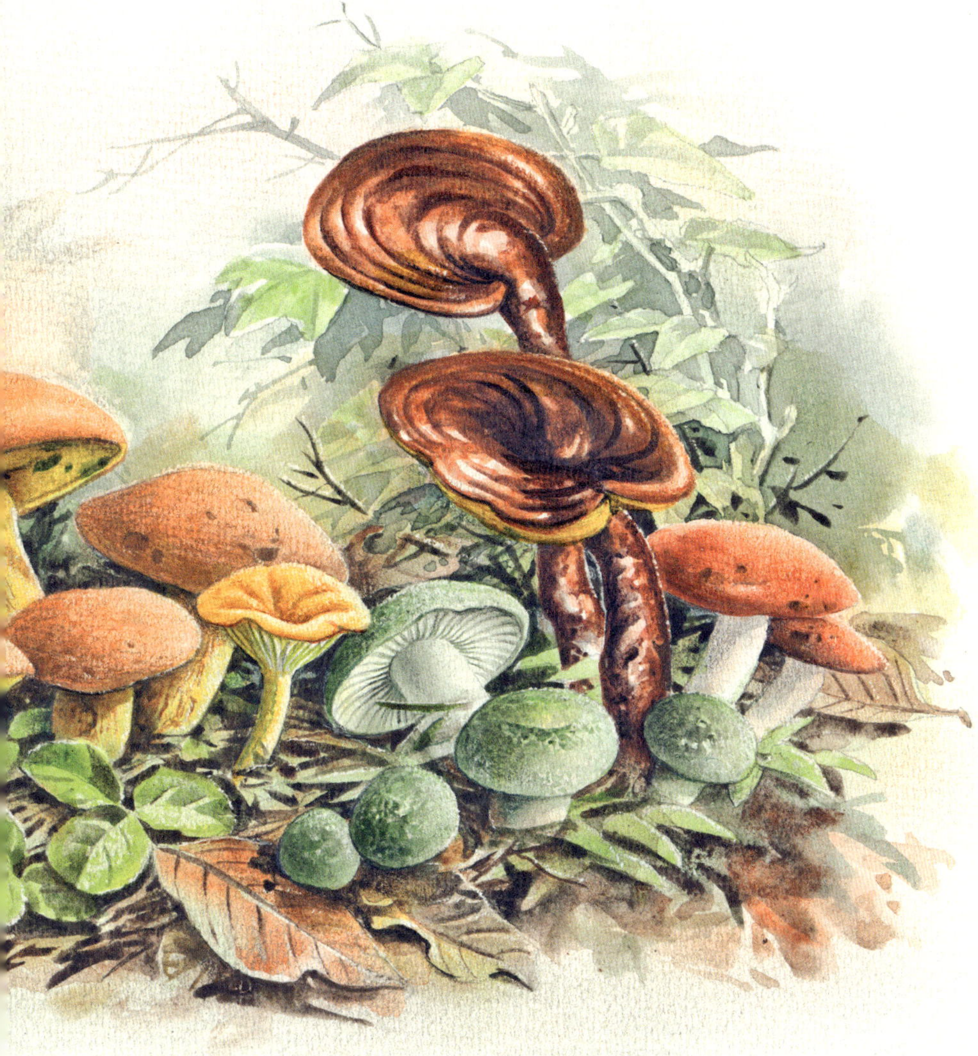

云南拟口蘑
Tricholomopsis yunnanensis
※
化学滤纸上水粉
35 cm × 23 cm
20世纪80年代

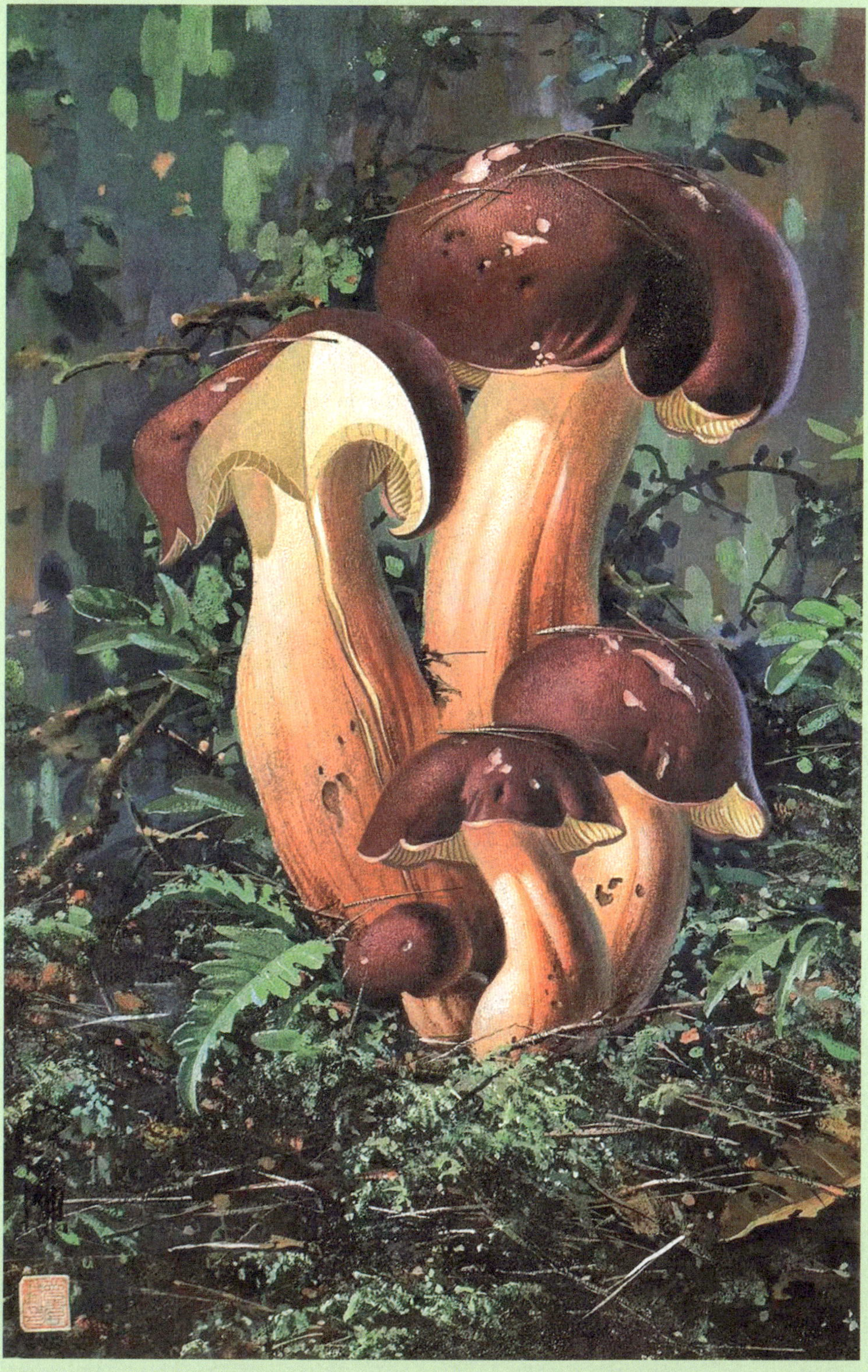

234　紫灵芝　*Ganoderma sinensis*　※　化学滤纸上水粉　35cm×23cm　20世纪80年代

橙香牛肝菌　*Boletus citrifragrans*　※　化学滤纸上水粉　35cm×23cm　20世纪80年代

冬虫夏草
Ophiocordyceps sinensis
※
化学滤纸上水粉
35 cm×23 cm
20世纪80年代

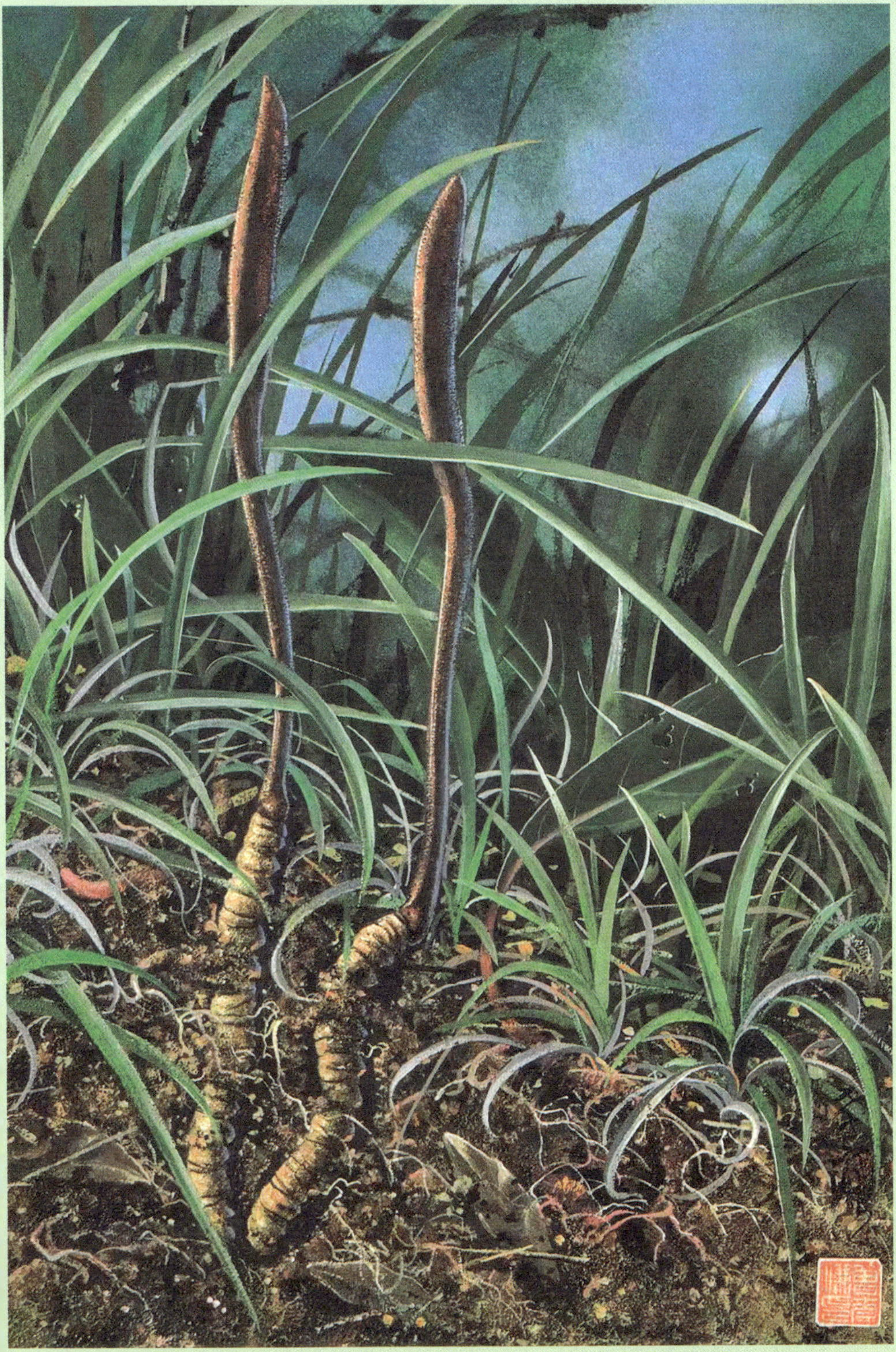

238　猴头菌　*Hericium erinaceus*　※　化学滤纸上水粉　35cm×23cm　20世纪80年代

红托竹荪 *Phallus rubrovolvatus* ※ 化学滤纸上水粉 35cm×23cm 20世纪80年代

香菇
Lentinula edodes
※
化学滤纸上水粉
35 cm×23 cm
20世纪80年代

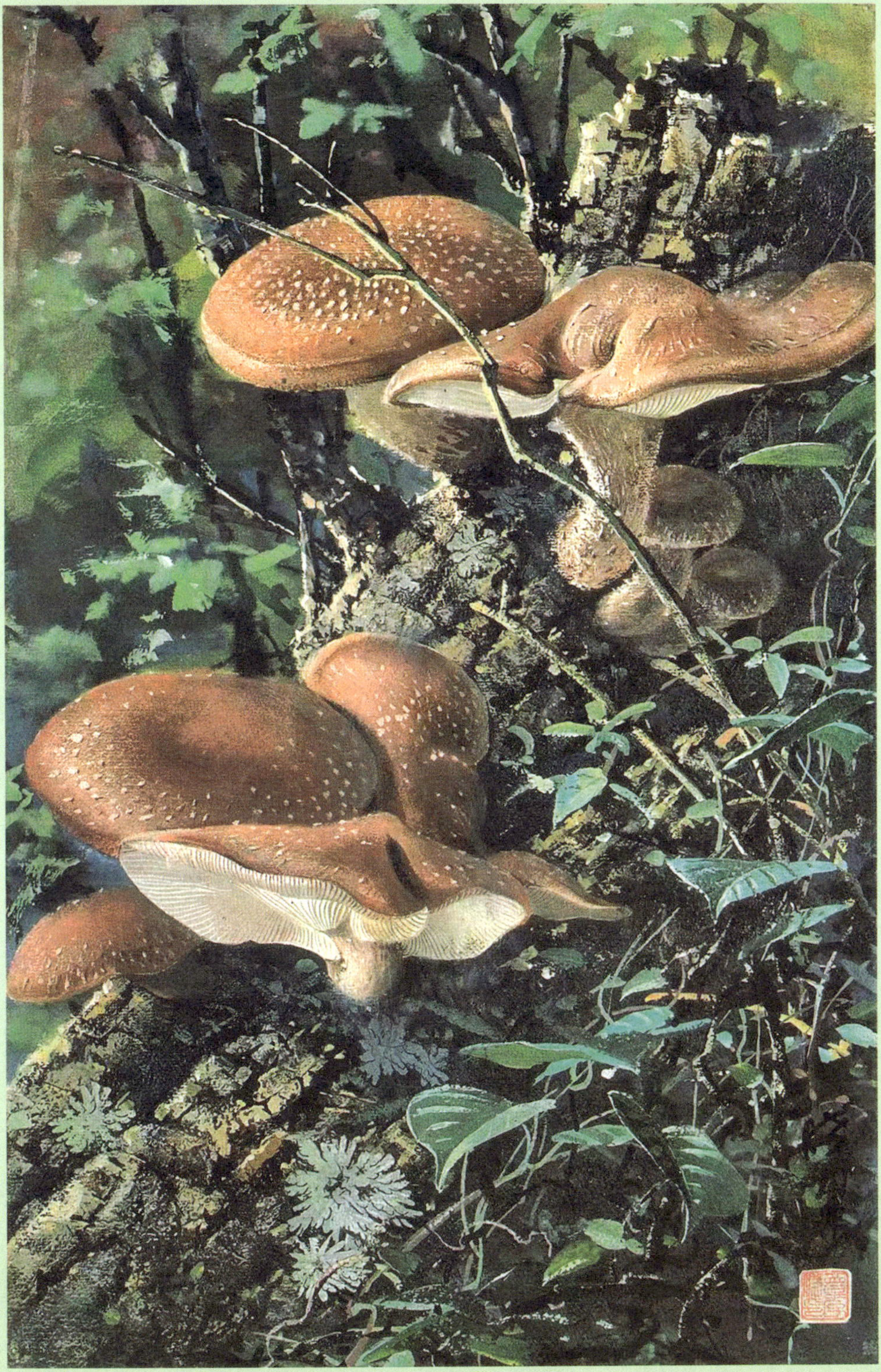

242　红缘鹅膏　*Amanita rubromarginata*　※　化学滤纸上水粉　35cm×23cm　20世纪80年代

松茸　*Tricholoma matsutake*　※　纸上水粉　37cm×26cm　20世纪80年代

昆明常见野生菌
※
纸上综合材料
61.5cm×47cm
2020

※
梯棱羊肚菌
Morchella importuna
球盖蚁巢伞
Termitomyces globulus
橙红乳菇
Lactarius akahatus
干巴菌
Thelephora ganbajun
兰茂牛肝菌
Lanmaoa asiatica
暗褐网柄牛肝菌
Phlebopus portentosus
变绿红菇
Russula virescens

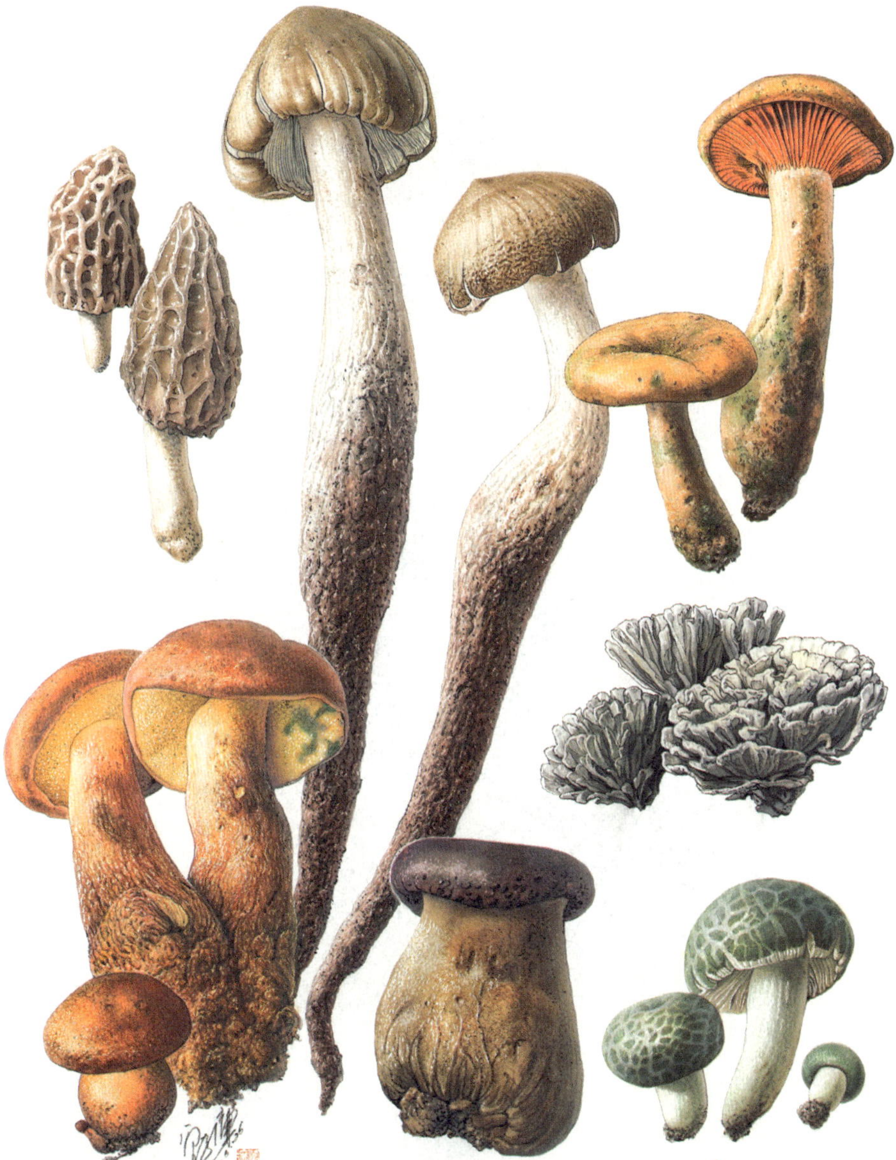

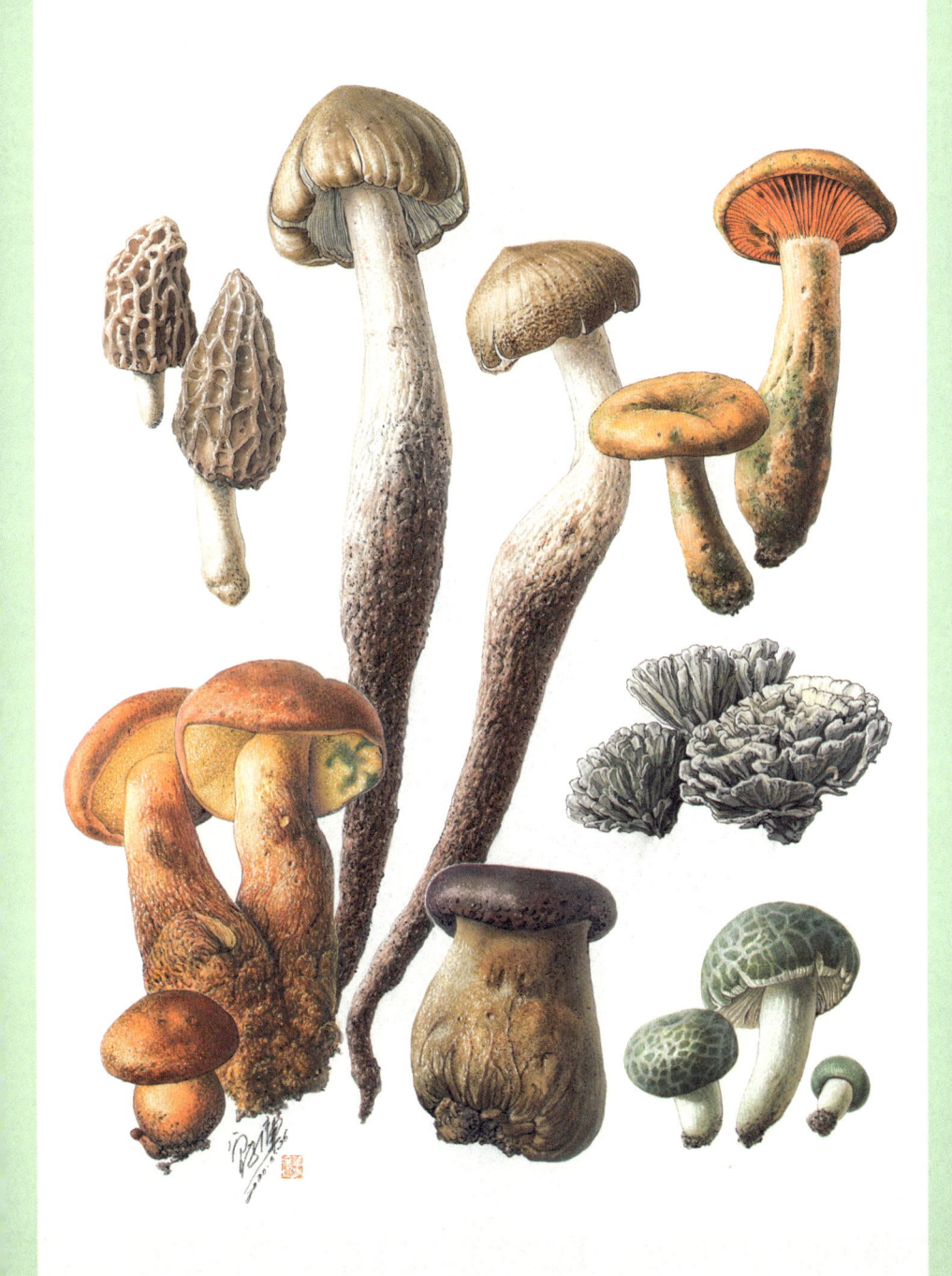

246　凸顶红黄鹅膏　*Amanita rubroflava*　※　纸上综合材料　53cm×37cm　2021

网盖牛肝菌 *Boletus reticuloceps* ※ 纸上综合材料 75 cm×52 cm 2021

绯红肉环菌
Sarcoscypha coccinea
※
纸上综合材料
59 cm×43 cm
2022

绯红肉杯菌　*Sarcoscypha coccinea*

海棠竹荪 *Phallus haitangensis*

250　纯黄竹荪　*Phallus luteus*　※　纸上综合材料　59cm×43cm　2022

银耳 *Tremella fuciformis*

银耳　*Tremella*　※　纸上综合材料　59cm×43cm　2022

虫草王
Ophiocordyceps megala
※
纸上丙烯
74 cm×52 cm
2022

根据云泓教授提供的模式标本绘制

253

云南硬皮马勃
（马皮勃）

Scleroderma yunnanense

马皮勃

　　在云南人的野生菌食物链中，马皮勃菌不占有重要位置。虽然很多云南人年年都吃菌，但是并不见得吃过马皮勃菌，因为在云南，民间管马皮勃菌叫"马屁泡"，这个名字听起来好像颇为"草根"，马皮勃菌的样子也实在不起眼，而且大多无菌柄，即便有也极短，就像森林里的一个个小羊粪球，所以如果不是很熟悉这种菌的人，即使看见了，也会忽略掉。马皮勃菌的产区主要分布在滇中、滇南生态环境较好的山区或半山区，生长在枯枝落叶层中，喜高温高湿环境，因此一般都在雨水丰沛的7—9月生长出来。偶尔，在旷野草地和农家庭院突然冒出几朵马皮勃菌，云南人也见怪不怪。马皮勃菌的长势很快，小一点的直径从几毫米到2厘米左右，最大的直径有30厘米以上。

　　在生长的初期采摘马皮勃菌的话，口感会比较鲜嫩，如果生长时间过长且没有被采摘，菌实体长老了，中间部分的菌肉就会变成粉状。据说17世纪，美洲的印第安人利用一种"催泪弹"作为武器与入侵的殖民者进行战斗。他们通常会将敌人引诱进密林，自己悄悄地藏起来，敌人一脚踏在这"催泪弹"上，顿时黑烟四起，中招者就会泪流满面、狼狈不堪。这"催泪弹"实际上是生长在密林里的过度成熟的灰褐色马皮勃，内部含有粉尘状物质，而这种物质就是"催泪弹"的主要成分。人们一旦踩到它，它就会冒出一股使人鼻孔和喉咙奇痒难忍的黑烟，这烟会把人弄得涕流满面，喷嚏打个不停。这是提到马皮勃菌很多都知道的一个故事传说，云南山里人把它释放黑烟的现象，理解为森林中奔跑的马放了一个屁，所以就叫这种菌为"马屁泡"。

马皮勃菌口感非常鲜嫩，食客吃过烹饪得法的马皮勃菌，来年也会惦记上这一口。我比较喜欢云南朴实的农家做法，用腌菜来炒马皮勃。选直径2~3厘米的马皮勃菌切片待用，青椒切丝，大蒜切片，选取用小苦菜腌制成的酸腌菜剁碎；先将油在铁锅中烧热，倒入青椒、蒜片爆炒，再加入马皮勃菌翻炒至出汁水，将准备好的酸腌菜倒入锅中，加入盐，最重要的是加一点花椒粉和草果粉翻炒均匀，即可起锅食用，浓浓的乡村味道随之而来。云南的菜式中，乡村人家擅用草果，并且用得很恣意，在一些菜式上经常有惊喜。反观城中大馆子的厨师们，用起草果来慎之又慎。

家庭中比较日常简便的烹制方法就是炖汤，炖汤可以选择炖鸡或者炖排骨等，都是绝佳的选择。制作马皮勃菌炖排骨前需要准备马皮勃菌和排骨各一斤，再准备适量的葱、姜和盐，还有少量料酒；将排骨切成小块焯水去血沫，和切好的马皮勃菌放入炖汤锅中，接着加入刚才准备的葱、姜、盐、料酒，再加入大半锅的凉水，使用大火煮上至少半小时，再转成小火炖到排骨软烂为止，为了增香，也可以浇上一点麻油。炖汤里加的料酒和麻油与马皮勃混合在一起的香味，总会让我想起立冬时节寒风凛冽的街头贩卖的让人倍感温暖的麻油鸡和姜母鸭。

将马皮勃菌替代肉丁的宫保马皮勃菌的传统烹饪手法也别有一番风味。将马皮勃菌洗干净后切成见方小块，干辣椒切断备用；锅中倒入食用油加热至七成热，放入花生米炸至变色后捞出冷却；油锅留少许油，倒入马皮勃菌爆炒，并倒入黄酒、蚝油翻炒至熟，装盘待用；最后将油温烧至四成热，放入干辣椒煸炒一下，再放入青椒和煮熟的马皮勃菌一起翻炒，加酱油、糖调味，撒上炸香的花生米再翻炒均匀即可出锅了。

我第一次吃马皮勃菌，并不是在云南的乡野，而是在中国最早的艺术社区之一，昆明创库的一间餐厅。2001年，帅叔和老唐牵头，集合昆明艺术家与设计师，在昆明西坝河边的机模厂旧址创立了昆明创库艺术家社区。除了艺术家、设计师，还有来自北欧的艺术机构"诺地卡"入驻。据考证，创库属于中国最早的艺术社区之一，甚至早于北京的798艺术区。后来重庆、上海的同业人员都来考察，所以有了重庆的坦克库和上海的莫干山等艺术区。昆明创库这个今天看起来乱糟糟的艺术区，也曾经为中国的文旅产业做出过表率和示范作用。中国当代艺术领域具有代表性的艺术家，如宋冬、邱志杰、张恩利等，都曾经参加过创库的展览或艺术活动。

不论在西方还是中国，艺术家聚集的艺术社区总是引领时代潮流，然后商业机构随之而来，最后挤走艺术家，成为时髦的商业区。一些对商机敏感的商家马上跑过来开起了各式各样的餐厅。创库里就开出了西餐厅、火锅店，还有各种主打地方菜肴的餐厅。我们经常会去一家叫"阮家傣味"的德宏餐厅吃饭，我第一次吃马皮勃菌，就是与在创库设立工作室的孙海浩、王涵等一众设计师在这个餐厅吃的。他们可能之前吃过这种菌，所以一上桌就点了这道菜。这并不是一道傣味菜肴，所以当时听到他们点这道菜，我觉得有点奇怪。但是当用水腌菜炒的马皮勃被端上桌子的时候，我还是有点被惊艳到了。马皮勃属于松露那一类具有特殊浓郁气味的菌类，只是马皮勃的气味相比松露来说更加清新，更带森林感一些。这两种菌外形有些相似，松露的菌肉肉质口感多少有点柴，马皮勃却是有着与其他云南野生菌相似的鲜嫩。从那一次以后，只要去云南地州一些产马皮勃的地方，我就会让当地朋友带我去找有这种菌的餐馆吃饭。

带我吃马皮勃菌的孙海浩比我年轻几岁，属于云南的重度"菌中毒患者"。大学毕业以后，他开了一间广告公司，几年间就把公司做得风生水起，成了云南几家烟草企业的御用广告设计公司。他注册了缘于"飞虎队"的"驼峰航线"的"驼峰"商标，在昆明市中心金碧商城开了好多家酒吧和客栈，这些酒吧和客栈是昆明年轻一代和来昆明的年轻外国人夜晚最喜欢的地方。但是海浩似乎对这些成就渐渐失去了兴趣，公司正常业务让手底下的人打理着，虽然每天也都按时到办公室，但是灵魂早已不知道在哪里游荡。

海浩买了一辆福特商务车，为了随时装上露营的设备，来一场说走就走的旅行，后部拆到只有一排座位。那个时候还没有电子导航设备，他经常拿着一张地图，叫上司机开四五个钟头到一个荒郊野外的山头上停下来，沉思许久，突然一声"回去"，司机就满头雾水地拉着他回到昆明。这样来来去去成了日常，司机也就见怪不怪了。

那段时间，本来就沉默寡语的海浩话更少了，经常在创库的酒吧里点上一杯可乐、一盘瓜子，孤寂地坐到午夜。他的眼睛里燃烧着的说不清是欲望还是绝望。

突然有一天，海浩买回来一个最大尺寸的最新款苹果台式电脑。从那一天起，他就一天到晚坐在电脑前。有一天，我忍不住好奇，凑到他的电脑前，想看看他在迷着什么。原来他买了Google的Eagle eye软件。在高清的屏幕上，他把自己变成了一只自由自在翱翔的鹰，从长虫山飞到比利牛斯山，又从洱海飞到爱琴海。他一改往日喝可乐嗑瓜子时的沉闷，口若悬河、眉飞色舞地告诉我他的新发现。

在云南，我们说某人在工作或者事业上特立独行，不按规矩出牌，最简单的解释就是这个人被菌"闹"着了，就是"菌中毒"了，因为这些所为都匪夷所思，无法解释。在云南有很多这样的人，海浩就是其中之一。明明在云南长大，可以吃到那么多的菌子，他却偏偏只爱吃马皮勃。别人的项目都是靠商业网络和人脉资源，海浩的项目却是从卫星上找的。他找到一些别人不会注意到的绝佳位置，策划设计一些特色项目。这些项目都不是常规思维的设计师能够为之的，但是海浩的公司缺乏有经验的执行团队，所以无论是昆明还是西双版纳、丽江的项目，都没有走到最后，大都为人作嫁，最终成为一些集团的特色样板工程，又或者烂尾。有一次，海浩很认真地约我到翠湖边吃饭，跟我探讨如何才能做一个好乙方，既把事情做好，又能够圆满地收到钱。这个问题也是困扰我的难题，所以两个人只有吐槽一番，互相舐舐伤口，说声珍重，道声再见。那次见面后，我也放弃了长期的乙方身份，远走北京，开始一段北漂生涯。海浩就更"嗨"了，在鹰眼软件上研究的都是五大洲、四大洋的事情了。

海浩的这种疯狂还是得到了一些大哥的关注和支持，其中不乏为设计鸟巢做过贡献的艾大哥，也有建设成都环球中心的文旅地产大咖邓鸿。有一天，海浩又在"鹰眼"上找到太平洋上的一个小岛，据说可以买下来做文旅开发。经过分析各方面指标，此地堪称天堂。于是邓鸿带上海浩一行乘坐他的私人飞机飞了过去，结果因为靠旁边一个美军基地太近，被怀疑有国家战略考虑，美方横加干涉，让这次海岛收购计划流产了。

海浩的"鹰眼"继续在太平洋上游荡，最后落在了距中国东南部2100公里处的帕劳。帕劳是西太平洋通往东南亚的门户，面积有差不多半个新加坡大，人口也只有1万多人，1994年才结束了美国的托管，正式成为独立的主权国家。海浩一直有一个"精致酒店梦"，帕劳有热带气候和绮丽风光，是可以实现他梦想的最佳之地。海浩在很短的时间内就和当地上至总统、酋长，下到普通百姓都打成一片，自己的酒店也建了起来，也算是圆了梦。

帕劳实在太远，那几年听到的关于海浩的消息，都是一些追寻着他的足迹去帕劳的国内朋友带回来的。只听说他在岛上的日子基本接近神仙，不是在天上飞着，就是在海里潜着。我正在计划如何辗转飞去帕劳看看海浩，却听说他又举家搬回了中国，在珠海和温州有大项目要操作。

不知不觉有十来年未与海浩见面了，他所做的一切在别人看来，只有在电影里才会发生，但是他确确实实身体力行地为自己的理想在努力，这种思维和执行方式，云南以外的人很难想象和理解。但是他身边的我们这些朋友就觉得很正常，无非就是像吃菌持续中毒的状态，也许一生都会这样，但又有什么关系呢？希望能跟他在昆明再次聚首，去找一个有马皮勃菌的小馆子，在森林的气息中，听他讲讲他的天空和大海。

冬虫夏草

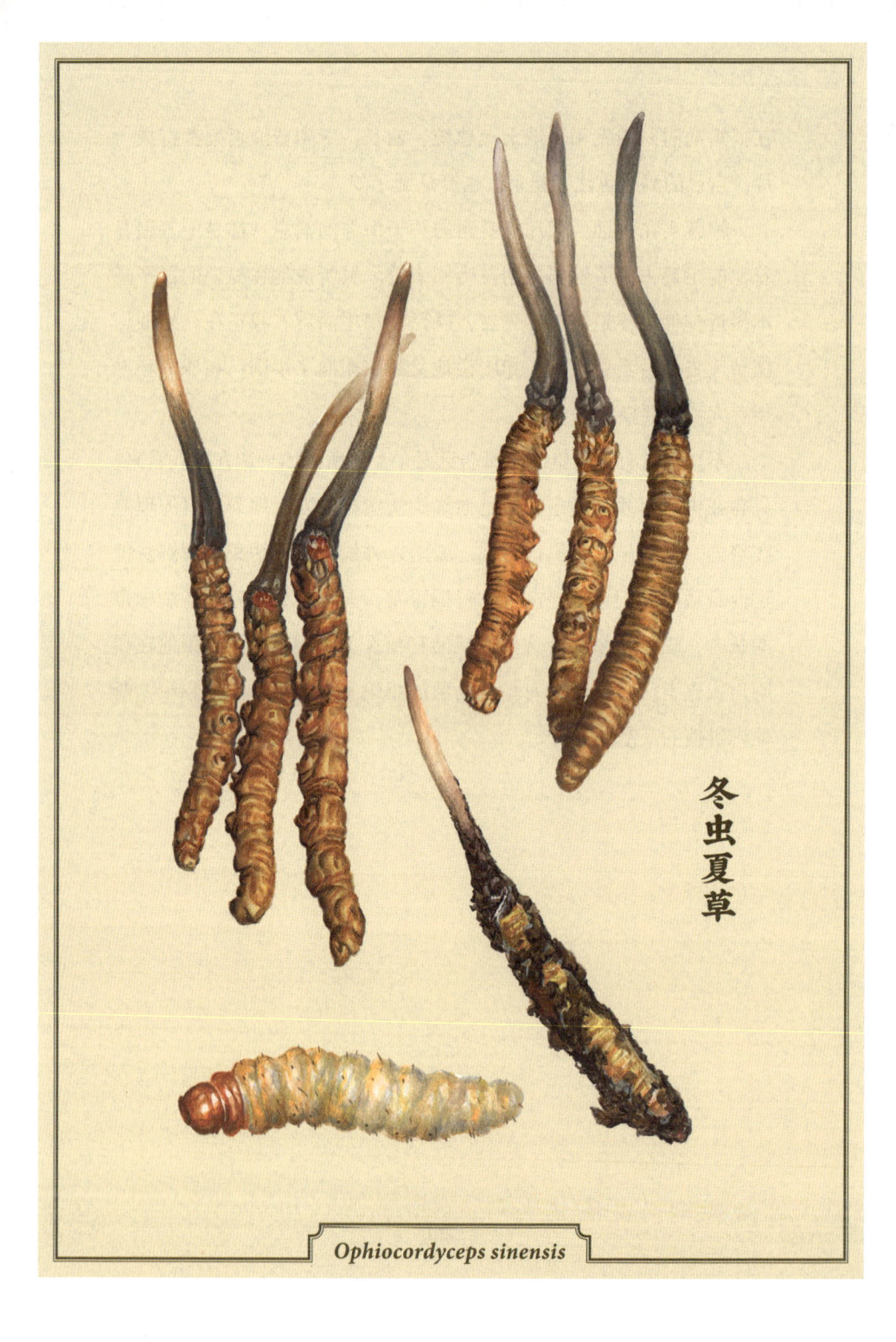

Ophiocordyceps sinensis

虫草

　　我小时候,虫草并没有被赋予现在那么多神秘富贵的光环,仅仅是中药铺里的一味名贵药材。那时的商店就是那么简单的几种,不外乎百货商店、五金商店、粮店、副食品商店、煤店、药店等几种,而中药铺是我们小孩子喜欢的铺子之一。拓东路是昆明最古老悠久的一条街,唐朝南诏国兴建的拓东城是昆明最早的城市雏形,1945年从西南联大毕业前往美国继续深造的杨振宁先生,就是从拓东路坐汽车去巫家坝机场离开昆明的。精通多国语言,会讲几十种方言的赵元任先生在1938年赴美之前就职于"史语所"期间,也住在这条街上。我小时候,这条街还保留了从前的格局,甚至还有一段被岁月打磨得十分光滑的石头路。拓东路上的一家中药铺,就是我们城南的孩子经常要去逛一逛的地方。也许是因为一直营业,没有时间改造,这家中药铺的格局和装修基本上保留了民国的传统风格。

药柜的抽屉上传统方式贴着中药名，药方递进去后，店员们根据处方数量放好相应的包装土纸，大部分药材都是看了处方上的剂量凭经验飞快地抓出来的，只有像虫草等名贵药材，才会用精致的小秤称一下。高高的柜台上面吊着两个大大的黄铜做的球，从里面可以扯出一种红白两色相间的棉线，专门用来包捆抓好的中药。

　　这个药铺最有意思的是它的橱窗，里面会陈列出鹿茸、熊掌、人参、三七等各种名贵药材，而且这个药铺很注意橱窗陈列的美观性，总会过一段时间就调整一下，每次调整都会根据所陈列的名贵药材，更换后面描绘相关药材的背景画，我第一次看到虫草就是在这个橱窗里。这里是我童年的自然博物馆，每次橱窗更换陈列，就如同更换了一次展览，吸引着我和小伙伴们把脸贴在玻璃上，边看边幻想。长大以后，我到了不同国家、不同城市，总还是喜欢看当地的自然博物馆，我想这个习惯与当年观看药铺橱窗的"展览"有些关系吧。

　　大部分云南人都不觉得虫草会跟野生菌扯上什么关系，觉得它一会儿是虫，一会儿是草，有些神秘莫测。其实，虫草是一种昆虫与真菌的结合体，虫是虫草蝙蝠蛾的幼虫，菌是虫草真菌。虫的身体像一条细细的蚕，有环纹，一般有3~5厘米长，表面呈深黄色至黄棕色，靠近头部的地方环纹较细。每年盛夏，在海拔3800米以上的雪山草甸上，冰雪消融，蝙蝠蛾便将千千万万个虫卵留在花叶上，蛾卵继而变成小虫，钻进潮湿疏松的土壤里，吸收植物根茎的营养，逐渐将身体养得肥肥胖胖。这时，如果球形的真菌子囊孢子遇到虫草蝙蝠蛾幼虫，便钻进虫体内部，吸收其营养，萌发菌丝。

受真菌感染的蝙蝠蛾幼虫，逐渐蠕动到距地表2~3厘米的地方，以头上尾下的姿态而死，这就是"冬虫"。幼虫虽死，体内的真菌却日渐生长，直至充满整个虫体，来年春末夏初，虫子的头部长出一根紫红色的小草，可以长到2~5厘米高，顶端有菠萝状的囊壳，这就是"夏草"。这样，幼虫躯壳与长出的小草就共同组成了一个完好的"冬虫夏草"。这时的虫草发育得最饱满，体内有效成分最高，也是采集的最好时机。

冬虫夏草主要出产于云南、四川、青海等省区，云南地区主要分布在迪庆州德钦、中甸以北一带，金沙江、澜沧江、怒江三江流域上游地区，以及海拔3000~4500米的高山草甸地区。海拔4500米以上的高山草甸生长的冬虫夏草品质尤佳。冬虫夏草由于分布地区狭窄、自然寄生率低、对生长环境条件要求苛刻，所以数量极其有限。

冬虫夏草是中国传统的名贵滋补品，具有补肺肾、止咳嗽、益虚损、养精气的功能。随着生活水平的提高和更多人对虫草的认知，虫草市场逐渐供不应求，价格一路飞涨。冬虫夏草能对人体起到全面的保健作用，可谓神奇之极，无愧"仙草"的美称。

虫草既具有极高的药用价值，又有丰富的营养价值，可以按中药遵医嘱服用，民间也常常用于药膳滋补，人们奉之为滋补的佳品，由此也总结出了不少烹制方法。

虫草老鸭汤是一道美味的菜肴。准备老鸭一只、冬虫夏草10

蘭中毒

◆ 塘子巷拓东路西口，1984年，云南昆明，张卫民摄

克、酌量红枣、大葱、姜、料酒、食盐。先将老鸭洗净，沥干水分；再将红枣洗净去核，姜切片，葱切段后与虫草一起放入洗净的鸭肚内，用牙签封口；接着把鸭子放进小锅，加入适量清水、盐、料酒；最后将小锅放进已经倒好水的大锅内，隔水用文火炖1.5小时左右即可食用。

虫草甲鱼汤也是滋补的上品。取冬虫夏草10根左右，甲鱼一斤，香菇、调料适量。甲鱼洗净，切块；香菇洗净；适量生姜切片。将以上材料和虫草一并入锅，加水和调料，隔水蒸熟即可。

还有冬虫夏草粥。取粳米一两，虫草10根碾成粉状，白及粉10克，冰糖适量。把米清洗干净，同冰糖一起放入锅里熬成粥；接着把虫草粉和白及粉均匀地撒入粥中稍煮片刻，关火焖5分钟即可。

在云南，虫草最多还是用在家常的汽锅鸡里。在汽锅里放入洗净的鸡块，再加上几根虫草，是高规格款待贵宾的礼仪。大部分云南人还觉得冬虫夏草适合开水泡服。取冬虫夏草3~4根，用清水清洗干净，放在杯子里用开水泡着喝，饮用若干次直至睡前，将虫草悉数咀嚼吃掉。

近年来，由于冬虫夏草价格飞涨，大量盲目采摘的情况出现，资源日趋减少，产量逐年下降。一些动歪脑筋逐利之人竟然让做雕塑的手艺人做出一些很写实的冬虫夏草模型。这些手艺人把面粉和一些其他材料混合起来，用模具翻制，一个晚上就做出来很多"虫草"。这些不法商人把这些模型混在真虫草里面售卖，所以买虫草尤其需要小心。

舞蹈艺术家杨丽萍是我在写本书过程中，不时就会想起的一个人。20年前，我在北京保利剧院观看来自家乡的《云南映象》，跟随这出大戏回到家乡云南的山山水水，在剧场的黑暗中，竟然泪水湿润了眼眶。作品各个章节段落，一直用一位香格里拉雪域高原修行者来贯穿。演出间隙，不知道为什么，脑海里不时会闪现出冬虫夏草的生长状态。也许是对丽萍姐的熟悉，让我觉得她的艺术人生就是这样一种"仙草"的状态。她像虫草的虫体一样，深知高原土地的丰富养分，深入土壤之中吸收植物根茎营养，她孕育新作品的过程就如同孢子进入虫体长出菌丝，直至夏天草原上长出一根根红色的小草，那就是她厚积薄发的作品，而且这种状态周而复始，绵延不断。所以每隔一段时间，她总是会又有新作品面世，就像每年夏天，高原上又会长出冬虫夏草。

杨丽萍就是一个"菌中毒"的云南人，在云南人心目中像"仙草"一样的她，会像一位邻家姐姐一样，喜欢在大理或者昆明的街上溜达，所以经常会突然出现在你面前。我总是觉得丽萍姐光芒四射，写她有些蹭热度的感觉。前天看见她在微信朋友圈含泪宣布，因为疫情，她不得不解散自己从云南田间地头带出来，已经成立了近20年的《云南映象》原生态舞蹈团体时，我突然流下了眼泪。大家看见的都是丽萍姐舞台上的光鲜，舞台背后的艰辛和坚持却鲜为人知。

刚知道丽萍姐时，她就是一个传说。我听说她13岁就进入西双版纳歌舞团学习，后进入云南省歌舞团，刚过20岁，就凭舞剧《孔雀公主》获得了文化部的创作和表演大奖，由此调入中央民族歌舞团。所以即便同在昆明，我也没有见过她的舞台形象，就算看到她的演出也是在屏幕之上。在1984年庆祝新中国成立35周年的大型音乐舞蹈作品《中国革命之歌》中，她担任领舞、独舞。1986年，她的舞蹈作品《雀之灵》获得第二届全国舞蹈比赛创作一等奖、表演第一名，而成为时代经典，获奖无数。1988年她首登春晚，亿万中国人在除夕之夜认识了这个来自云南的舞蹈精灵。《雀之灵》后来在1990年亚运会闭幕式上演出，并在1994年获得中华民族20世纪舞蹈经典作品金奖。后来，杨丽萍又以她创作和表演的舞蹈作品，数次登上中央电视台的春节联欢晚会，给大家带去来自云南深山雨林的问候和享受。她不仅是一个传说，更是一个传奇。

第一次面对面见到丽萍姐，是在我们共同的作家朋友肖钢的宿舍。那时肖钢供职于云南省文化厅，文化厅位于市中心，提供单身宿舍，他的朋友们经常在那里聚会、喝酒。有一天聚会时，杨丽萍忽然就走了进来，因为都是熟知的朋友，她就很自然地加入进来，喝起酒来。在80年代那个最美好的年代，艺术家们见面，两口酒下去，马上就会讨论起深刻的艺术创作问题。这群朋友中我年龄最小，从来都是聆听，不敢造次插话。第一次在屏幕以外的地方看到杨丽萍本人，我感到一种美到窒息的感觉。我竟也不记得那天讨论了什么，只是一直在看丽萍姐说话、喝酒，觉得自己很幸福，也许就跟今天的粉丝是一样的心情吧。

后来很长一段时间，我只是在电视或者媒体上见到她的消息。好友肖全90年代一直跟拍她，所以那时看到的丽萍姐的很多图片都是肖哥拍的。印象最深的一组是在长城上面拍摄的，有几幅已经成为经典。我也从肖哥那里知道，丽萍姐其实经常行走在云南的山山水水之中，收集少数民族音乐舞蹈素材。后来丽萍姐也参与了一些影视作品的拍摄，其中《兰陵王》和《太阳鸟》还在一些国际电影节上获得奖项。但是让大家印象最深的还是她在张纪中版的《射雕英雄传》中出演的最美梅超风，这一角色让大家记住了她标志性的超长指甲。

90年代后期的一天，我陪从上海来的音乐家何训田、朱哲琴及作家张献、唐颖一起拜访昆明安宁郊外的云南民族文化传习馆创办人田丰。田丰是中央乐团国家一级作曲家，因为在云南采风过程中被云南各少数民族传统音乐舞蹈文化折服，1993年便以一己之力在昆明安宁创办了这个传习馆，让一些杰出的民间艺人口传身授，将本民族的一些优秀音乐舞蹈传统保留下来。传习馆极具乌托邦色彩，学员都是从各山寨招来的，大部分不会说普通话、不识字。大家同吃同住同劳动，传承学习之余，种菜种粮，解决生计问题，很是艰苦。我们在与田丰先生谈话的时候，突然见到一个熟悉的身影，原来丽萍姐已经在这里和民间艺人们共同学习探讨了很久了，她也跟民间艺人们同吃同住同学习，完全没有因为自己是成功的艺术家而有丝毫特殊，她觉得重要的东西是这些一代一代传承下来的艺术财富。

2002年，杨丽萍从中央民族歌舞团退休，像虫草一样，回到云南，回到土地，潜心创作自己的舞蹈作品，等待草原的春天到来时破土生长。如果说之前的杨丽萍是以舞者身份活跃于舞坛，那么回到云南之后,她更多的是以创作者的身份在走向另外一座高峰。2003年8月8日,杨丽萍的原生态舞蹈巨作《云南映象》在昆明首演,开启了中国舞蹈史上的一段神话。《云南映象》在19年的时间里,一共演出了7000多场。由此开始,她进入了艺术创作的第二个巅峰时期。这期间她创作了《藏谜》《云南的响声》等原生态风格的作品,也创作了具有实验风格、深受西方观众喜爱的《孔雀》《十面埋伏》。以东方哲学、智慧、审美重新阐释西方经典的《春之祭》,更是将她的创作视角重新定位。2020年,杨丽萍也为自己的故乡大理献上了地标性建筑杨丽萍大剧院和舞剧《阿鹏找金花》,回报至亲至爱的家乡父老。

回到昆明之后,杨丽萍经常会在排练结束的午夜时分来到设计师王涵的工作室,极其放松地喝上一泡普洱。我们经常会在这里不期而遇。这时的她回归了最本真的状态,会聊家常,也会聊艺术,没有"人设"和包袱,可以想到哪说到哪。有一次,聊起舞蹈演员的练功,她认为练功就是舞者自己身体每天的需要。从12岁被选进西双版纳州歌舞团起,她就是自己练,后来进入中央民族歌舞团也如此。她从不参加集体练功,总是用一种自己身体需要的方式去练,特立独行地创作,一直到今天。她也用自己的这种方法,培养了来自沙溪山村的小金花和自己的侄女小彩旗这样一批年轻舞蹈新秀。

她不会拘泥于科班传统的禁锢,而是敏感细腻地从生活中捕捉到很多可以融入自己舞蹈创作中的元素。我们的朋友讴歌是总政歌舞团长大的孩子,回忆起80年代,在跟中央民族歌舞团一墙之隔的大院球场练霹雳舞的时候，总是有一个漂亮姐姐来看，后来才知道这个人就是杨丽萍。她从这些孩子的舞蹈中受到很多启发。她不仅仅从别的舞种中学习，也会从自然中学习，一花一鸟也为师，她能够体会花鸟的姿态、色彩，从而带入自己创造的作品之中，所以她的日常生活永远是沉浸在花香鸟语之中。有的人觉得她是故作姿势，其实这就是她"师自然，师造化"的日常生活而已。

因为我几十年的工作都与艺术相关，所以也见过形形色色的艺术家，但我以为杨丽萍是最具艺术气质的艺术家之一。在她心里，艺术始终是第一位的，为了艺术，她可以放弃所有。当年编排《云南映象》时，舞团遭遇财务危机，她处置掉自己的房产，接拍广告，凑钱坚持把作品排练完。剧团演出排期正常，收入稳定时，她又会拿出钱来支持双廊的乡村文化建设，扶持当地年轻一代创业。虽然她给公众的印象是永远生活在有花鸟相伴的世界里，其实她的生活异常的简单朴素，从来没有物质享受的奢求，她觉得跟好友和亲人待在一起就是最幸福的时刻。杨丽萍是属于舞台的，她不喜欢社交，甚至恐惧有很多人的场合。但是一到排练厅，一登上舞台，她身上的那些拘谨就消失得无影无踪，一下子就变得干练、果断起来了。

呈现杨丽萍的舞台视觉艺术，为她在昆明当代美术馆办一场展览，是我多年的夙愿。2020年夏天的一个晚上，我们相约在王涵家讨论展览工作时，她关于展览机构和细节的理解和意见，让我不得不感叹她拥有的那份艺术家的天分。有这么好的天分，不论去从事哪一个门类的艺术，都是不可能不成功的。那天我亲自下厨做了炒见手青和青头菌，我们边吃边聊，相聚甚欢。后来她们舞团的同事"投诉"说，从那天起，丽萍姐连续好多天要求吃青头菌，把他们都吃腻了。我只好解释说，主要是我们那天做得恰到好处，让她吃"嗨"了。2020年10月，名为"万舞有奕"的杨丽萍舞台视觉艺术展在昆明当代美术馆隆重开幕，展览展出了丽萍姐重要作品的舞台视觉形象，包括道具、服装。参观者犹如走上了她的舞台，体会到了杨丽萍在舞台上的感受。展览受到了大家的一致欢迎和好评。

2003年，杨丽萍的舞团受"非典"影响，曾经短暂解散了一段时间。这次受新冠肺炎疫情影响以来，她其实一直在坚持。我曾经去大理的杨丽萍大剧院与她一起观看《阿鹏找金花》，演出结束后，她为演出叫好，并给演员们一一打气。我很能理解这种情况下她的这份坚持，但是无情的演出市场状况，还是把艺术家推到了必须面对演员和机构生存问题的境地。她刚刚纪念完自己从艺50周年，就含泪宣布解散《云南映象》舞团，但是她并不会放弃舞团和她的演员。2022年4月，由杨丽萍导演并出演的生肖系列舞蹈艺术片《虎啸图》上线，各路舞林高手齐聚一堂，用多种艺术手法，在杨丽萍的带领下呈现出一种舞蹈艺术的创新形式。这也是杨丽萍在后疫情时代对于舞蹈观演关系的思考和尝试。她曾经说，她妈妈经常告诫她停一停，休息休息再走，但是她始终是停不下来的，无论是经历疫情时，还是天下太平时。

杨丽萍心里最重要的就是那个美好的舞台，她相信生活再坎坷，也要积蓄力量，努力渡过难关。"我相信，我们心里的那个舞台依然还在，希望我们能早一天回归舞台。"

听我讲云南朋友们的故事，很多人还是不太理解和相信。可是我的这些朋友们就是像菌中毒一样，总会有一些令人不解的举动和决定，当然也会造就与别的地域的人不太一样的结局。他们如同香格里拉高原上的虫草，冬天是虫，夏天是草；也如同高原上的鸡𥔲，年年生生不息。夏天来了，又是一年菌子季。入夏的昆明一下雨，竟然冷得要开暖气了。

疫情结束了，前两天看到新闻里杨丽萍又准备开始《云南映象》的排演，她果然没有放弃她的团员，她的艺术。

裂褶菌
（白参）

Schizophyllum commune

白参

我作为一个地地道道的云南人,在很长的一段时间里,却并不知道白参也是一种菌。

10多年前,我在北京茶马古道餐厅宴请一位北方朋友,他点了一道传统云南菜白参蒸蛋,说蒸蛋里的白参是叫"树花"的一种菌。随后我跟他争了起来,因为在我的经验里,"树花"是母亲从小到大给我吃的一种叫"树胡子"的褐色菌类,而我们云南人不认为白参是云南的野生菌。他好像对云南的植物颇有些研究,饭局结束回到家中,我赶紧研究起白参究竟为何物。

云南人向来任性,把依附在树上的很多种生物都当作食物,给事物命名也一样任性和随意。小时候,母亲经常会在凉菜里放一种叫"树花"的东西,吃起来很有嚼头,母亲说这个东西是树的"胡子"。一直到长大,如果在云南的凉拌菜里没有见到"树花",我就会觉得差一点什么。

白参一般在每年的春秋季节，生长在云南的文山、红河、普洱市、玉溪、临沧、保山、德宏、丽江等地的山林之中，大多生长在森林中的枯枝倒木上面，因其基本无菌柄，形状像一朵朵簇拥着盛开的花，所以也称为"树花"。原来朋友说白参是"树花"也并没有错，用树花来形容白参也还是很形象的。野外看到的白参多为簇生或群生，外形像一簇盛开的菊花，菌盖大部分如扇形或者肾形，质地有些韧性，颜色是白色或灰白色，味道清香，鲜美爽口，营养丰富，所以云南有些菌农也会把白参叫作"白花"。白参是一种裂褶菌，虽然长得其貌不扬，但它是一种药食兼备的菌类，含有人体必需的8种氨基酸。菌农们会把拾到的白参除去杂质，晒干保存。

想要原汁原味品尝白参烹制的佳肴，就要搭配当地的特色食材，在众多食谱中最具特色的菜肴便是云腿白参。做这道菜其实并不复杂。我们需要准备材料：白参、云南火腿、红绿辣椒、大蒜、盐。先将晒干的白参用清水泡发、洗净，直到用手捏白参之后，挤出来的水都变成清水；再将火腿、红绿辣椒、大蒜切丁，油烧热，把配料下锅，煸炒几下，放入准备好的白参，加点盐即可。

在有新鲜白参上市的季节，可以做青椒炒鲜白参。这也是一道传统的云南家常菜，其中搭配的是云南皱皮青椒。首先我们准备新鲜白参菌3两、云南皱皮青椒5~6个、蒜3瓣、腊肉约50克。先将新鲜白参切去根部杂质，撕小朵，洗净，放平底锅中小火焙干水分，闻得到香味时起锅备用；再将腊肉切薄片，入锅小火煸出油后铲出备用；接着，在煸出的腊肉油中下入蒜末，中小火煸炒出香味后加入洗净切小片的云南皱皮青椒，继续翻炒，直到椒片变透亮，加一小勺盐炒匀；最后，转大火，把之前炒过的白参和腊肉下锅，与其他食材一起翻炒均匀，尝咸淡后再加点盐调好味即可。

云南人还喜欢做的一道菜就是白参蒸蛋。其实就是正常的蒸鸡蛋羹里面放入泡发的白参或者新鲜白参，鸡蛋羹的幼滑和白参的筋道相得益彰，也是很好的搭配。

这几年，云南美食和云南野生菌越来越得到其他地方的老饕们的喜爱。所以，一个云南人在北京请人吃饭，却反被北方人上了一堂关于白参的植物知识课。2000年左右，茶马古道餐厅开到北京时，全北京云南菜餐厅也不超过5家；如今随着各种品牌的云南菜餐厅在全国各地的开花结果，云南菜的食材、口味逐渐征服了食客们的味觉系统。这些云南菜餐厅的老板们这些年各自为战，努力耕耘，但一提到杨艾军，行业里一致公认他是长期致力于云南菜推广的主要推手。

全中国斜杠中青年最多的地方，昆明应该算一个。我自己就是不折不扣的一个，放眼一看，好像身边很多熟识的人也都是这样的人，杨艾军也是其中之一。杨艾军早年在昆明仅有的两家涉外酒店之一的昆明饭店工作。因为他具有优秀的服务意识，被选拔到北京人民大会堂工作了四年，服务过包括邓小平在内的中外元首和领导人。这四年的工作经验和眼界让他具有了不一样的世界观。所以不论做任何事情，他总是有一种异于常人的格局。从北京回到云南，他创立了云南最早的酒店管理公司，从公司公函、内部文件到管理制度无一不沿袭大会堂管理体系和文件风格。公司的高层会议总是在昆明西山上的一个亭子里，或者在安宁"天下第一汤"的温泉里进行，之后总会形成红头文件格式的"西山会议精神"或者"温泉会议简报"。员工私底下议论：杨总是不是吃菌闹着了，小小的酒店管理公司弄得跟国家机关似的。但是杨艾军坚持认为，这个形式很重要，事情无论大小，都必须像完成大会堂的工作一样认真、负责。

云南的大型宾馆饭店业务开展不顺利，杨艾军就尝试管理一些有特色的餐厅。二十几岁的年轻人，还是满身的荷尔蒙在涌动，而且还有一颗文艺的心。有一天，在他管理的一家餐厅里，他偶遇歌手倮倮带崔健来吃饭，这次的畅饮"嗨"聊，便促成了崔健在昆明的第一次演唱会。杨艾军也就义不容辞地成为崔健演唱会的组织委员会成员，充分发挥出他的组织管理能力。

这些年来，杨艾军依然保持他一如既往的工作方式，把云南省餐饮与美食行业协会这样一个民间组织做得有声有色，而且一做就是十六七年，使之发展成中国同类型行业协会中最有影响力的民间机构之一。

杨艾军成立这一协会之前，云南菜只是中华菜系中经常被忽略掉的一个，云南餐饮行业的从业人员也如同一盘散沙，自生自灭。杨艾军把大家拧成一条绳，形成一股力，共同谋发展，把从前这个行业里的一些相互竞争甚至"斗争"的企业团结了起来，大家交流学习、互帮互助、共谋发展，形成了全省餐饮业大家庭的温暖局面。

我参加过两次他们的活动，大家在一起的感觉完全不是竞争对手，反而更像亲密兄弟间的聚会。我想这样的场面，在别的地方是不太容易看到的。

2009年，杨艾军率领的云南省餐饮与美食行业协会经过不懈努力，促成《云南省人民政府关于促进餐饮业发展的意见》出台；2015年，《"舌尖上的云南"行动计划》得以面世，奠定了云南餐饮业发展的基础和产业格局。协会还促成餐饮业优秀代表当选各级人大和政协委员，从此餐饮界也有了参政议政的话语权。

杨艾军人缘好，关系广，他也充分利用这些资源扶持云南餐饮业发展。他通过在人民大会堂工作时结下的良好合作关系基础，将云南的各种珍稀食材介绍给国厨们使用，同时也将厨艺大师们的精湛技艺带回云南。他倡导组织了"滇菜进京""滇菜入沪"等大动作，把从前八大菜系之外、名不见经传的云南菜推广到了北京、上海等大都市。他大力促进国家级专业协会联动，构建了滇菜行业发展新格局。通过各种类型的媒体宣传，各种平台多角度地曝光了滇菜及相关行业。通过协会的工作，云南餐饮行业发展得到了多个关联部门的支持，形成了政府背书的行业公信力。云南省16个州市、50多个县区均成立了餐饮行业协会。

杨艾军一直还是保持着文艺青年的传统，一旦总结出一些经验和心得，总是动手结集出版。这些年他除了定期编辑出版《云南餐饮与美食》期刊，还编著出版了一套"舌尖上的云南"饮食文化系列丛书。丛书中的《菌临天下》《清香四溢》等著作把云南美食和云南野生菌通过书籍文字介绍到了省外、国外。这些年，"餐美协"在他带领下，支持在京沪等一线城市的云南主题餐厅的发展，整合云南美食素材，到联合国、新加坡进行精品滇菜展示品鉴，向世界宣讲云南美食。

20多年前，云南菜在全国几个城市只有星星点点的那么几家，经过这些年"餐美协"和从业人员的共同努力，全省餐饮营业总额从2005年的100多亿元发展到2019年的1872亿元，连续15年增幅排名全国前三位。全省餐饮从业人员从2005年的200多万人增长到2019年的380多万人，奠定了行业永续发展的根基。

每次见到杨艾军，他似乎都穿着一件胸前印有云南餐饮与美食行业协会logo的白色polo衫。红色圆形logo中间是孙中山先生手书的"饮和食德"四个字，充分体现了他的协会宗旨。只要一有机会，他就会滔滔不绝地给身边的人大谈滇菜绿色生态和发展前景。云南省餐饮与美食行业协会召开全省会员大会，还是保持了他几十年一贯的工作方法和形式，依然有大会堂开会的礼仪和严肃认真的传统，当然也不能少了协会的红头文件，也许这就是杨艾军做事成功的秘诀。

为了更好地研究推广滇菜，杨艾军走遍云南的山山水水，对大量云南天然食材做了整理研究工作。跟他通电话时，他基本上是在云南的地州或乡镇，整理各种乡土或少数民族烹饪技艺，或者就是在翻山越岭寻找珍稀食材。尤其在菌子季期间，他通常都是待在各个野生菌出产地，去寻找心目中最好的那朵云南菌。这些年，他对云南野生菌的推荐，不仅给云南菜系的厨师们提供了丰富的创作资源，还成功地把一些野生菌食材介绍给了人民大会堂及一些米其林、黑珍珠餐厅的烹饪大师来创作经典美食作品。这也是对云南美食的一种很智慧的发扬。

　　吃饭对杨艾军来说就是工作。跟他一起吃饭时，他总是在不断地讨论食材和烹饪方法，不过遗憾的是，一直到今天我都没有吃到过他做的菜。我有些好奇，这样一个一生注定与云南美食结缘之人，自身的厨艺究竟如何？他像每一个自认厨艺精湛的昆明男人一样骄傲地说："我炒的见手青也还是有大师水准的。当然最拿手的还是白参蒸蛋。"炒见手青如同日料做河豚，必须对食客负责。我觉得能够炒好见手青的男人，一定是个认真负责的男人。而白参蒸蛋却是最容易的家常菜品，这个说法又能幽默地给自己准备了个台阶，杨艾军这些年的所作所为也是如此智慧。

后记

寻蕈手记

一个生活在云南的人，一生注定要跟蕈发生千丝万缕的关系。一个生活在地球上的人，一生注定要跟真菌发生千丝万缕的关系。

蕈，第一次知道这个字，是年少时母亲做家传小炒肉时。她总会加一种泡发的香菇，说是"香蕈"，我始终不知道"蕈"为何物。后来长大读书才知道了"蕈"字的意思，多少还是属于一个古字，现代人大都用"菌"或者"蘑菇"来替代这个字，但在江南一些古风之地，还是多有继承保留。江苏有名的虞山蕈油面，便是用常熟虞山松树下的菌做浇头的好面。

我生长在云南昆明，年少时最向往的两件事情就是上山寻蕈和下海捕鱼。昆明坝子中间有一汪水是滇池，也许古人觉得名字用"池"小了，后来说到滇池就说有五百里之巨。云南人久居高地，向往大海，把身边的湖泊统统叫作海，于是便有了洱海、程海、阳宗海。我那时最羡慕的人就是在滇池边那些小渔村有亲戚的小伙伴，他们假期时可以跟随渔船出"海"打鱼，在滇池里漂荡很多天。滇池周边就是山了，山是真正的山，不是云南人的臆想。上山寻菌，便是那个时候最向往和有可能实现的假期奇幻之旅了。

一到雨季，在球场的草地上，在城市里因拆迁而突然空出来的土地上，在很多意想不到的地方，都会在某一个雨后的时间出其不意地冒出来几朵灰白色的、不知道叫什么名字的菌，于是让人萌发出了一年一度的寻菌冲动。我也曾经随菌农上过几次山，但是每次都只能采到很少几朵青头菌及别的杂菌。虽然最终都是以大快朵颐一顿美味的野生菌大餐而告终，但那些从父母那里听来的采到一窝一窝鸡枞的故事，已然成为传说。每年雨季来临时，上山寻菌的念头就随之而来，犹如有一种神秘力量的驱使。

因为父母会担心交通及山上的安全问题，所以一定会简单粗暴地阻止。孩子们总有办法瞒天过海，与父母斗智斗勇，最终投入大自然怀抱。其实每一次的寻菌之旅，也不见得能够满载而归，但总是能让人看到神奇的大自然的另外一面。时至今日，我还能够记起某个山坡上森林的气息和响起的风声。那种在山野之间的寻找变成了一生中不时就要冒出来的向往。

菌是神奇之物，从古至今，一直是人们寻找的目标。明四家之一仇英画过一幅《采芝图》，他将自己擅长的工笔人物与青绿山水合为一体，前实后虚，画面中部烟云缭绕，似云如水般缥缈。立于山石之上的高士，衣襟飘逸，神情安详，宛若仙人。葱郁的松树之下，一名童子正采摘灵芝，灵泉穿岩而出，远方云烟渺渺，墨竹影摇曳，翠峦叠嶂，两抹青山更显悠远。画中的人物形象生动，采芝环境自然，符合中国古代文人寻草的理想。与其说中国古人一直在寻找延年益寿的秘密，不如理解为这其实是中国古人在寻找人与自然共生共存的生活方式。

在云南，你可能从来没有在森林里亲手采摘过一朵菌子，但是这个森林中的精灵每年都会如约而至来到你的生活里。你可能是一个喜欢美食的人，每年春雨才下了几场时，你就在盼望着某一场雨后，草开始从覆盖着松毛的红土地上露头。你也可能是一个不喜欢食草之人，但是从春末到深秋，你会被身边的朋友家人一次次地"安利"他们心目中的各种美味山珍，不知不觉，一年中吃下的草的数量也已经不在少数。作为一个云南人，你肯定会把松茸或者油鸡枞作为礼物，送给远方的朋友。而且你身边的朋友不出四五个人就一定会有一个草中毒者，这个中毒者的经历，一定会成为这个菌子季大家的笑谈，足以让大家欢乐一年，直到第二年的中毒者出现。草仿佛有一种神秘力量，始终在你的生活中。

早在2019年，我便计划争取在2020年的春节假期，完成这本写作了一段时间的关于云南蘑菇的书。紧接着，疫情开始蔓延，于是我的写作贯穿在数次隔离和大量碎片时间中，坚持了将近三年，终于写就本书。写作的过程中，每写一篇其实都像一次奇异的寻草旅程。

草这种被云南人称为菌儿的野生菌，是我们生活中不可或缺的一种生物,吃菌其实更是云南人的一种生活方式。最近一些年来,除了生物学家的持续研究,有很多社会学学者和艺术家也开始致力于真菌世界与人类关系的研究。当他们深入研究时才发现,其实生物学家的科学研究已经比其他领域遥遥领先。因此,科学界的研究也激发了更多的社会学学者和艺术家从其他视角来对真菌世界进行探索。

云南真菌资源之丰富,在地球上难得找出第二个地区。云南人跟真菌的关系,最终还是很具体地落实在作为食物的这个点上。作为一个云南人,我特别希望用理性的研究方式,来把伴随自己一生的这种神奇生物,以及菌跟云南人之间的奇妙关系好好记录下来。但是每次动笔,心头还是涌上像吃菌中毒之类的一些好友的逸事,以至于自己也会如同菌中毒一般兴致勃勃。既然不能让自己理性地写作,就不如天马行空一番。

我很幸运能够生活在云南这样一个菌子的王国,从小就识过、食过很多的菌子。我也很幸运在自己生活成长的昆明,有我从小至今一直喜欢的植物园。刚上初中时,读徐迟先生的报告文学《生命之树常绿》深受感动,对蔡希陶等老一代植物学家敬佩不已。尽管我每次来到位于黑龙潭的昆明植物园都兴奋非常,但无奈理科功课从来就是弱项,也就不敢奢想未来会跟植物学研究有什么关系。几年前,我结识了在这个植物园里工作了一辈子的曾孝濂先生,与他成为忘年之交。在编辑曾先生由云南美术出版社出版的作品集《极命草木》的过程中,我受先生所嘱,为这本画册撰写文字,深感责任重大,只能数次拜访曾先生夫妇，了解他在中国近代植物学研究背景下的艺术人生。通过了解曾先生六十余载的植物博物画创作生涯，我对从蔡希陶先生、吴征镒先生等老一辈植物学家，一直到杨祝良、牛洋、郗望等新一代科学家献身中国生物科学研究精神的敬畏之心倍增。

我在计划写作本书伊始，专门请教了曾先生，先生借给我很多关于真菌的专业书籍，并且推荐了他的学生杨建昆先生，专门为本书绘制野生菌植物博物画。建昆先生用两年多的时间潜心创作，绘就四十多幅精彩作品，以其特有的直观性，扩展了本书的叙事维度，让这本书有了灵魂。为了鼓励我写好这本书，曾先生除了提供他以往创作的关于云南野生菌的作品，还专门为拙作创作了一幅描绘他所热爱的云南野生菌子的作品，更是让我深感一种不能辜负的责任之感。更为幸运的是，曾先生把他推崇备至的真菌专家杨祝良教授介绍给了我。当我把初稿交给杨教授勘误时，就如同一个成绩不好的学生给先生交上作业，十分忐忑不安。杨教授不厌其烦地为插图中的每一种菌标注了准确的拉丁文学名，并通读初稿，指出需要商榷修改之处。杨先生是享誉世界真菌学界的科学家，祝良伞属（*Zhuliangomyces*）即是植物学界以他的名字来命名的一个属。让这样一些专业的科学家、艺术家来加持我的这本书，实属荣幸之至。写作及编辑过程中，又得到了杨先生的博士生王庚申及王子睿的大力支持，我的诸多想法才能够得以正确地实现。同时也要感谢我在云南大学教授的学生郭妍彦、汤璇、陈可悦、熊鸿利同学线上线下的查证，她们的资料整理工作，让我的写作得心应手。更要感谢陈颖的支持和督促，让我坚持完成了这次写作。

几年前，我在伊斯坦布尔漫步在奥尔罕·帕慕克时常出没并书写过的那些街头时，总是会想起万里之外的一个乡亲——诗人于坚。于坚与帕慕克有惊人相似的一点就是面对自己故乡，无论是风物还是人情，他们都是由衷不吝啬地赞美，让我觉得那种深情早已经溢出文字。在伊斯坦布尔读奥尔罕·帕慕克的书是一种享受，好几次面对博斯普鲁斯海峡，看着巨轮来来往往，虽然手捧奥尔罕·帕慕克的《伊斯坦布尔》在读，但思绪其实早已经飞回了昆明。所以每次想到描述故乡的文字，都会想到于坚。我在本书的写作过程中，与于坚互通微信时自然恳请他为本书作序，于坚先生欣然应允，他说："在云南不吃一盘见手青，这个夏天咋个过得去？"

2020年3月，我同妻子陈颖与父母一起从清迈回到昆明，成为第一班落地昆明被隔离的国际航班上的乘客，年迈的父母跟我们一样，默默地接受、配合了疫情防控人员各种复杂的工作方法，终于在午夜时分进入了隔离酒店房间。从那一天开始，我有了成人以后跟父母亲最长的一次厮守。15天的时间里，因为他们年岁较大，我们获准每天可以陪他们吃两顿饭。父亲总是问了又忘，忘了又问我每天在干什么。我告诉他我在写一本关于菌的书，他觉得很有意思，不时也会关心一下写作进展如何，但是父亲并没有等到能读我写完的这本书，就在一年前溘然长逝了。本书中的很多文字是在他身边写的，这本书也算是我送给在天国的父亲的一个礼物吧。

结束本书的写作时已经是10月底了，我来到大理剑川石宝山寻采今年的最后一批松茸。清早跟随一名白族菌农上山，一路上，还是能零零星星随手采到一些珊瑚菌、白牛肝菌，但是数量确实已经非常之少了。翻山越岭，来到他熟悉的"菌窝子"。他拿出一根竹竿递给我，自己拿着一根就去找他认为可能有松茸的点。竹子的另外一端是切成斜口的，一开始我以为是为了攀爬时方便插在土中，后来才发现菌农们是拿它来像探雷器一样探寻松茸之所在。寻覃的过程异常神秘：他们先用竹竿在落叶上轻探，凭手感感觉到腐叶下面有松茸后，用手轻轻扒开落叶，刨开包裹着松茸的土，再轻轻摘取松茸。我感觉寻覃之人除了用竹竿来感受，更多的是倾听松茸的呢喃。如果松茸没有说话，想要找到它几乎是不可能的。罗安清也在《末日松茸》一书里这样感叹道："想要找到一朵好蘑菇，需要用上所有的感官。因为采摘松茸有个秘密：几乎不能只凭眼睛去寻找蘑菇。"

可能是已经到了深秋季节的原因，这个上午我们只采到了一朵松茸，从而结束了今年的菌子季。站在那块有松茸的土地上，我突然感觉嗅到了泥土里夹杂着菌丝与松茸的异香。其实我们脚下的菌丝网络一直都在生长蔓延，生生不息，我们在菌丝网络中的寻覃之旅只是刚刚开始。

这几年，由于工作和兴趣使然，我经常会去中国科学院昆明植物研究所。每次驾车一过茨坝，慢慢驶入植物所区域，沁人心脾的气息和映入眼帘的苍翠就慢慢洋溢开来，让人顿时心情大好，没有觉得是去工作，更像是去旅行。云南，是我生于斯，长于斯之地。头上的蓝天里常常会飘着"一万吨的白云"，脚下的土地上随时会冒出一朵朵鸡枞，身边是这些一辈子热爱自然的朋友，不为云南的菌写一本书，可能也是今生最过不去的一件事了。

2022年6月26日初
2022年12月20日补
昆明鸣凤山，无事山居

地点索引

◆ 昆明市

云南省红十字会医院 ………… 12，15，19

大观街 ………… 30，31，32，33，34，37，38，41，42

篆新农贸市场 ………… 30，41，42

篆塘码头 ………… 31，34

仓储里 ………… 31，34，37，38

庆丰街 ………… 31，34

大观商业城 ………… 31，34

滇池 ………… 19，31，51，146，285，286

官渡 ………… 31，34

西山区 ………… 31

大观楼 ………… 30

人民西路 ………… 30

环城马路（今西昌路） ………… 30

民族事务委员会 ………… 30

43医院 ………… 30

东风西路 ………… 34

前卫营 ………… 34

王旗营 ………… 34

塘双路 ………… 38

拉丁区文化巷 ………… 39

花鸟市场 ………… 39

甬道街 ………… 39

宜良 ………… 43，44，67，71

白鱼口 ………… 51

德和罐头厂 ………… 54

塘子巷 ………… 56，57，58，59，61

太和街 ………… 56，57

红缨旅馆 ………… 57

大众食堂 ………… 60

谊安大厦 ………… 61

昆明火车南站 ………… 57

黄家庄 ………… 130

和平村 ………… 130

拓东路 ………… 57，60，263，266，

293

267

得胜桥 ………… 57，86，147

五一公园 ………… 57

昆明铁路第三中学 ………… 57

西岳庙 ………… 62

东川 ………… 83

滇越铁路昆明站 ………… 86

金碧路 ………… 46，86，87，88

南来盛 ………… 46，47，86，87，88

昆明饭店 ………… 88，279

翠湖宾馆 ………… 88

翠湖公园 ………… 88

南华市场 ………… 102

潘家湾 ………… 146

董家湾 ………… 146

伺家湾 ………… 146

螺蛳湾 ………… 146，147，148，149，150，151

盘龙江 ………… 146

云津码头 ………… 146

晋宁区 ………… 112，146

环城南路 ………… 146

红卫兵游泳池 ………… 146，147

新螺蛳湾 ………… 151

昆州 ………… 123

云南艺术学院 ………… 137

昆明医学院(今昆明医科大学) ………… 156

福元堂 ………… 155

姚记药号 ………… 155

华山南路 ………… 156

鸣鹤画店 ………… 156

生生广告社 ………… 156

国立艺专旧址 ………… 158

云南省博物馆 ………… 159

云南美术馆 ………… 159

云南省图书馆 ………… 159

骆驼酒吧 ………… 166，168，178

大蘑菇吧 ………… 165，168

昆明金龙饭店 ………… 165

昆明东风路 ………… 168

纸老虎酒吧 ………… 168

云瑞十八号泰国菜餐厅 ………… 170

说吧live house ………… 178，184

脸谱live house ………… 184

醉归live house ………… 184

杨方凹 ………… 210

鸣凤山 ………… 215，292

中国科学院昆明植物研究所 ………… 20，218，220，227，291

昆明当代美术馆 ………… 160，220，273，274

曾孝濂美术馆 ………… 222，223

机模厂旧址 ………… 257

创库 ………… 257，258，259

中甸村 ………… 265

安宁市 ………… 271

西山 ………… 280

安宁"天下第一汤"温泉 ………… 280

◆ 曲靖市
师宗县 ……… 68, 70
罗平县 ……… 72

◆ 玉溪市
玉溪 ……… 37, 43, 109, 112, 114, 278
峨山彝族自治县 ……… 42, 43, 44, 51, 112
易门县 ……… 43, 51, 112
玉带路 ……… 192

◆ 保山市
腾冲市 ……… 153

◆ 丽江市
永胜县 ……… 71
玉带河 ……… 146

◆ 普洱市
普洱 ……… 109, 115, 118, 119, 179, 278
景谷傣族彝族自治县 ……… 177
澜沧拉祜族自治县 ……… 179
西盟佤族自治县地 ……… 179

◆ 临沧市
临沧 ……… 179, 278

◆ 德宏傣族景颇族自治州
德宏梁河县 ……… 137
阮家傣味德宏餐厅 ……… 258

◆ 怒江傈僳族自治州
贡山独龙族怒族自治县 ……… 83
怒江 ……… 179, 265

◆ 迪庆藏族自治州
维西傈僳族自治县 ……… 80
香格里拉 ……… 77, 79, 80, 81, 144, 165, 170, 171, 190, 191, 275
建塘古镇 ……… 79
公鹤昌商号 ……… 79
迪庆高原 ……… 104
德钦县 ……… 265

◆ 大理白族自治州
大理 ……… 43, 76, 106, 166, 168, 177, 179, 187, 189, 190, 191, 192, 193, 194, 195, 201, 202, 203, 269, 272
凤仪镇 ……… 71
苍山 ……… 191, 192, 193, 196, 203
鸡足山 ……… 187, 188, 190, 203
鹤庆县 ……… 79, 189
蝴蝶泉码头 ……… 190, 195
双廊 ……… 190, 191, 192, 193,

194，195，196，197，200，201，
202，273
MCA酒店 ·············· 191，192，200
西藏咖啡 ·············· 191
后院俱乐部 ············ 192
宾川县 ·············· 43，189
玉几岛 ·············· 193，194
曼陀罗民宿 ············ 194
焱秀阁民宿 ············ 194
吉廊民宿 ·············· 194
鸟吧 ·············· 195
青庐 ·············· 196，197
月亮宫 ·············· 200
粉四客栈 ·············· 200
伙山村 ·············· 201
伙山美术馆 ············ 201，202
懒人书吧 ·············· 202
而居美术馆 ············ 202
银海山水间 ············ 202
洱海 ·············· 190，191，192，193，
194，195，196，197，201，202，
203，259，285
喜林苑 ·············· 203
凤羽镇 ·············· 203
大理古城 ·············· 195，203
洋人街 ·············· 191，195，203
一线天咖啡馆 ·········· 203
杨丽萍大剧院 ·········· 272，274

◆ 楚雄彝族自治州
楚雄 ·············· 43，68，71，76，109，
165，179
禄丰市 ·············· 43，56
罗茨片区 ·············· 71
永仁县 ·············· 83
武定县 ·············· 67，102，189，207

◆ 红河哈尼族彝族自治州
红河 ·············· 43，92，125，128，
179，208，213，278
石屏县 ·············· 43，123，124，125，
132，147
弥勒市 ·············· 93，97，179
建水陶瓷厂 ············ 93
土著巢 ·············· 92，96，97
东风韵小镇 ·········· 92，94，95，97
半朵云艺术家会客厅 ······ 97
美景阁酒店 ············ 97
蚁工坊 ·············· 98，213
石屏县博物馆 ·········· 123
石屏府衙 ·············· 124
玉屏书院 ·············· 124
郑营村 ·············· 124
绿春县 ·············· 104
元阳县 ·············· 208
哈尼梯田 ·············· 208

◆ 文山壮族苗族自治州
文山 ·············· 179，278

◆ 西双版纳傣族自治州
西双版纳 ·············· 260

东方黄盖鹅膏

Amanita orientigemmata Zhu L. Yang & Yoshim. Doi

菌盖黄色至淡黄色，表面覆有鳞片，边缘有短沟纹。菌褶白色至米色，菌柄米色至白色，基部近球状，菌环白色，易脱落。

白环蘑属

Leucoagaricus (Locq. ex Horak) Singer

腐生菌，菌盖光滑或有鳞片，鳞片通常坚挺不易脱落，菌褶白色。多半有菌环，菌体较为臃肿，菌柄基部明显膨大，菌柄下部近光滑。

残托鹅膏原变型

Amanita sychnopyramis f. *Sychnopyramis* Corner & Bas

俗名：假草鸡㙡。菌盖表面淡褐色至深褐色，被白色、米色或淡灰色角锥状至圆锥状鳞片，菌褶白色，基部近球形，覆盖疣状、小锥状至粉末状鳞片。

残托鹅膏有环变型

Amanita sychnopyramis f. *subannulata* Hongo

与残托鹅膏原变型形态类似，在菌柄中下部至中部着生有白色至米色的膜菌环。

丛生垂暮菇

Hypholoma fasciculare (Huds.) P. Kumm.

菌盖近半球形至平展；表面硫磺色至橙黄色，菌肉浅黄色，菌褶弯生，极密，硫黄色至橄榄绿色，菌柄硫黄色至橙黄色。

毒沟褶菌

Trogia venenata Zhu L. Yang, Yan C. Li & L. P. Tang

俗名：小白菌、蝴蝶菌。菌盖扇形至花瓣状，菌肉薄，白色或淡粉色，较柔韧。菌褶延生，低矮，稀疏，淡肉色或污白色。菌柄近圆柱形，基部菌丝白色。

凤梨条孢牛肝菌

***Boletellus ananas* (M. A. Curtis) Murrill**

菌盖污黄色或淡土褐色,密被紫褐色大鳞片,受伤变青蓝色,菌肉黄色。菌柄圆柱形,稍弯曲,基部稍膨大,内部实心,纤维质。

褐点粉末牛肝菌

Pulveroboletus brunneopunctatus G. Wu & Zhu L. Yang

菌盖凸镜形至平展，表面被粉末状菌幕和橄榄褐色至黄褐色龟裂鳞片，菌肉近白色至乳白色，受伤后缓慢变浅蓝色。菌柄近圆柱形，覆有鳞片。

红托鹅膏

Amanita rubrovolvata S. Imai

菌盖表面红色至橘红色,被红色、橘红色或黄色粉末状至颗粒状鳞片,边缘有辐射状沟纹。菌褶白色,菌柄米色或具黄色色调,菌环上位,膜质,基部卵形至近球形,被红色、橘红色或橙色粉末状鳞片。

土红鹅膏

Amanita siamensis Sanmee, Zhu L. Yang, P. Lumyong & S. Lumyong

菌盖黄褐色，密被粉末状至絮状鳞片，菌褶离生至近离生，白色，菌柄被粉末状鳞片，基部腹鼓状至卵形，菌环顶生，膜质，易破碎而脱落。

刻鳞鹅膏 *Amanita sculpta* Corner & Bas

菌盖半球形至稍平展，紫褐色，中部棕褐色，具角锥状紫褐色至暗褐色大鳞片，边缘常有紫灰白菌幕残片。菌柄圆柱形，菌环以下有紫褐色鳞片，基部膨大呈球形。

深凹漏斗伞

Infundibulicybe gibba

菌盖幼时凸状平展,后渐平展,中部下凹呈漏斗状。菌褶延生,褶帽窄,污白色,边缘平整,不等长,菌柄圆柱状,与菌盖同色,基部具有绒毛状菌丝。

大青褶伞
Chlorophyllum molybdites (G.Mey) Massee

俗称铅绿褶菇。菌盖白色，半球形、扁半球形，后期近平展，中部稍突起，中部鳞片大而厚，呈褐紫色，菌褶离生，不等长，菌柄圆柱形，纤维质，菌环以上光滑，菌环以下有白色纤毛，基部稍膨大，空心。

萝卜色丝盖伞

Inocybe caroticolor

菌盖直扁半球形至平展，表面橙黄色、杏黄色至黄色，菌肉奶油色或淡杏黄色，菌褶弯生至直生，胡萝卜黄色、浅橘黄色至杏黄色，老时淡褐色。菌柄圆柱形，胡萝卜黄色、淡橘黄色至杏黄色。

毛头鬼伞

Coprinus comatus (O.F.Müll.)Pers.

菌盖近圆柱形，后呈钟形，被黄褐色蓬松而反卷鳞片。菌褶初期白色，后期与菌盖边缘一同自溶为墨汁状后不可食用。菌柄圆柱形，基部梭形，菌环白色，膜质，易脱落。

红笼头菌福岛变型

Clathrus ruber f. *kusanoi* Kobayasi

菌蕾球形,白色,以菌丝束结构固定在地上。孢托卵圆形至近球形,笼头状,红色,海绵质,网格五角形,外侧平滑至有皱,内侧不平整,具带臭味的暗橄榄褐色黏液状孢体。